징검다리 교육연구소, 이상숙 지음

바쁜 3·4학년을 위한 빠른 소수

한 권으로 총정리!

- 소수 알아보기
- 소수 사이의 관계
- 소수의 덧셈과 뺄셈

이지스에듀

지은이 | **징검다리 교육연구소, 이상숙**

징검다리 교육연구소는 바쁜 친구들을 위한 빠른 학습법을 연구하는 이지스에듀의 공부 연구소입니다. 아이들이 기계적으로 공부하지 않도록, 두뇌가 활성화되는 과학적 학습 설계가 적용된 책을 만듭니다.

이상숙 선생님은 초등 수학 교재를 개발해 온 21년 차 기획 편집자이자 목동에서 아이들을 가르치고 있는 수학 선생님입니다. 삼성출판사, 동아출판사, 천재교육 등에서 17년 동안 근무하며 초등 수학을 대표하는 브랜드 교재들의 개발에 참여했습니다. 현재는 회원 수 14만 명의 네이버 [초등맘 카페]에서 수학 교육 자문 위원으로 활동하고 있습니다. 유튜브 [초등맘 TV]에서 '옆집아이 수학공부법' 코너를 진행하고 있으며, 유튜브 [목동진주언니]에서 학부모님을 위한 다양한 수학 콘텐츠를 제공하며 활발히 소통 중입니다.

바쁜 친구들이 즐거워지는 **빠**른 학습법 — '바빠' 시리즈

바쁜 3·4학년을 위한 빠른 소수

초판 1쇄 발행 2023년 12월 15일
초판 3쇄 발행 2024년 12월 13일
지은이 징검다리 교육연구소, 이상숙
발행인 이지연
펴낸곳 이지스퍼블리싱(주)
출판사 등록번호 제313-2010-123호
주소 서울시 마포구 잔다리로 109 이지스빌딩 5층(우편번호 04003)
대표전화 02-325-1722 **팩스** 02-326-1723
이지스퍼블리싱 홈페이지 www.easyspub.com **이지스에듀 카페** www.easysedu.co.kr
바빠 아지트 블로그 blog.naver.com/easyspub **인스타그램** @easys_edu
페이스북 www.facebook.com/easyspub2014 **이메일** service@easyspub.co.kr

본부장 조은미 **기획 및 책임 편집** 박지연, 김현주, 정지연, 이지혜 **교정 교열** 방혜영 **전산편집** 이츠북스
표지 및 내지 디자인 손한나 **그림** 김학수 **인쇄** 보광문화사 **독자지원** 박애림, 김수경
영업 및 문의 이주동, 김요한(support@easyspub.co.kr) **마케팅** 라혜주

ISBN 979-11-6303-532-9 64410
ISBN 979-11-6303-253-3(세트)
가격 11,000원

"펑펑 쏟아져야 눈이 쌓이듯, 공부도 집중해야 실력이 쌓인다."

교과서 집필 교수, 영재교육 연구소, 수학 전문학원, 명강사들이 적극 추천하는 '바빠 연산법'

같은 영역끼리 모아서 집중적으로 연습하면 개념을 스스로 이해하고 정리할 수 있습니다. 이 책으로 공부하는 아이들이라면 수학을 즐겁게 공부하는 모습을 볼 수 있을 것입니다.

김진호 교수(초등 수학 교과서 집필진)

'바빠 연산법' 시리즈는 수학적 사고 과정을 온전하게 통과하도록 친절하게 안내하는 길잡이입니다. 이 책을 끝낸 학생의 연필 끝에는 연산의 정확성과 속도가 장착되어 있을 거예요!

호사라 박사(분당 영재사랑 교육연구소)

단순 반복 계산이 아닌 이해를 바탕으로 스스로 생각하는 힘을 길러 주는 연산 책입니다. 수학의 자신감을 키워 줄 뿐 아니라 심화·사고력 학습에도 도움을 줄 것입니다.

박지현 원장(대치동 현수학학원)

고학년의 연산은 기초 연산 능력에 비례합니다. 기초 연산을 총정리하면서 빈틈을 찾아서 메꾸는 3·4학년용 교재를 기다려왔습니다. '바빠 연산법'이 짧은 시간 안에 연산 실력을 완성하는 데 도움이 될 것입니다.

김종명 원장(분당 GTG수학 본원)

단계별 연산 책은 많은데, 한 가지 연산만 집중하여 연습할 책이 없어서 아쉬웠어요. 고학년이 되기 전에 영역별 연산 총정리가 필요했는데 이 책이 안성맞춤이네요.

정경이 원장(꿈이있는뜰 문래학원)

아이들을 공부 기계로 보지 않는 책, 그래서 단순 반복은 없지요. 쉬운 내용은 압축, 어려운 내용은 충분히 연습하도록 구성해 학습 효율을 높인 '바빠 연산법'을 적극 추천합니다.

한정우 원장(일산 잇츠수학)

수학 공부라는 산을 정상까지 오른다는 점은 같지만, 어떻게 오르느냐에 따라 걸리는 노력과 시간에도 큰 차이가 있죠. 수학이라는 산에 가장 빠르고 쉽게 오르도록 도와줄 책입니다.

김민경 원장(더원수학)

빠르게, 하지만 충실하게 연산의 이해와 연습이 가능한 교재입니다. 수학이 어렵다고 느끼지만 어디부터 시작해야 할지 모르는 학생들에게 '바빠 연산법'을 추천합니다.

남신혜 선생(서울 아카데미)

초등 수학에서 처음 만나는 소수의 개념을 정확하게!

3·4학년이 꼭 알아야 할 소수를 한 권에 모았어요!

초등 3·4학년 소수, 왜 중요할까?

소수는 초등학교 3학년 1학기 '분수와 소수' 단원에서 처음 배웁니다. 저학년 때는 자연수만 배우다가, 수학이 어렵다고 처음 느끼게 되는 단원이지요.

초등 소수는 3학년부터 6학년까지 배웁니다. 그중 3학년 때 배우는 '분수와 소수', 4학년 때 배우는 '소수의 덧셈과 뺄셈' 단원이 초등 소수의 기초입니다. 따라서 3·4학년 소수를 제대로 익혀야 5·6학년 때 배우는 '소수의 곱셈과 나눗셈'도 잘할 수 있어요.

이 책은 3·4학년 수학의 소수 부분만 한 권으로 모아 집중 훈련하는 책이에요. 문제를 풀기 전 친절한 설명으로 개념을 쉽게 이해하고, 충분한 연산 훈련으로 조금씩 어려워지는 문제에 도전합니다. 또한 기초 문장제까지 다뤄 학교 시험 대비까지 할 수 있으니, 딱 10일만 집중해서 초등 소수의 기초를 다져 보세요.

3학년 소수
[분수와 소수 단원]
- 소수의 이해
- 분수와 소수의 관계

4학년 소수
[소수의 덧셈과 뺄셈 단원]
- 소수 사이의 관계
- 소수 한 자리 수의 덧셈과 뺄셈
- 소수 두 자리 수의 덧셈과 뺄셈

3·4학년이 소수에서 어려워하는 부분은?

3·4학년 친구들이 소수에서 가장 어려워하는 부분은 '소수 사이의 관계'입니다. '소수의 덧셈과 뺄셈'은 소수점의 위치만 잘 맞춘다면 계산하는 방법은 자연수와 똑같아 그다지 어렵지 않기 때문이에요.

따라서 소수의 계산을 하기 전에, '소수의 개념'과 '소수 사이의 관계'를 먼저 정확하게 이해하고 넘어가야 해요! 이 책에서는 3·4학년 친구들이 특히 어려워하는 '소수 사이의 관계'를 한 마당으로 따로 구성했으니, 이 책을 마치고 나면 소수의 기초 개념이 탄탄하게 잡힐 거예요.

소수의 계산에서는 소수점이 중요!

'소수의 개념'과 '소수 사이의 관계'를 정확히 이해했다면 이제 '소수의 덧셈과 뺄셈'을 능숙하게 해내는 연습을 해야 해요.
'소수의 덧셈과 뺄셈'은 소수점의 위치를 맞추어 쓴 다음 자연수의 계산처럼 계산한 후 소수점을 내려 찍으면 됩니다. 자릿수가 다른 소수끼리의 계산은 실수가 자주 나오므로 반드시 소수점의 위치를 잘 맞추어 쓰는 것이 중요해요. 이 책에서는 자릿수가 중요한 계산 문제는 모눈 위에 쓰도록 편집했어요. 같은 자리 수끼리 계산한 다음 소수점을 찍는 부분을 집중적으로 연습해 보세요.

탄력적 훈련으로 실력을 쌓는 효율적인 학습법!

'바빠 3·4학년 소수'는 다른 바빠 시리즈들이 그렇듯 같은 시간을 들여도 더 효과적으로 실력을 쌓는 학습법을 제시합니다.
간단한 연습만으로 충분한 단계는 빠르게 확인하고 넘어가고, 더 많은 학습량이 필요한 단계는 충분한 훈련이 가능하도록 확대하여 구성했어요. 또한, 하루에 1~3단계씩 10~20일 안에 풀 수 있도록 구성하여 단기간 집중적으로 학습할 수 있어요. 집중해서 공부하면 전체 맥락을 쉽게 이해할 수 있어서 한 권을 모두 푸는 데 드는 시간도 줄어들고, 펑펑 쏟아져야 눈이 쌓이듯, 실력도 차곡차곡 쌓입니다.
'바빠 3·4학년 소수'로 소수의 개념부터 이해한 뒤 학년에 맞는 전략으로 연습하고 기초 문장제까지 훈련하고 나면 초등 수학 시험에서 고득점을 받게 될 거예요.

선생님이 바로 옆에 계신 듯한 설명

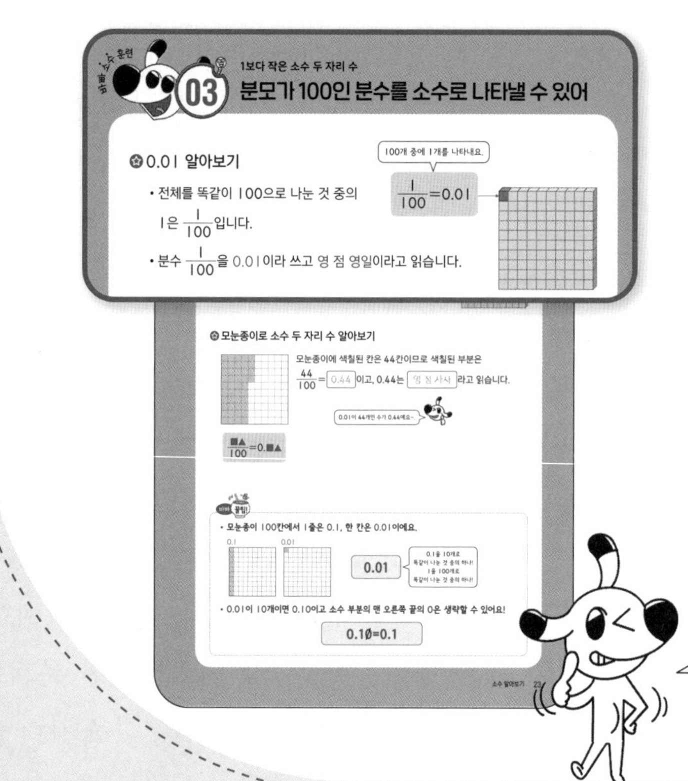

무조건 풀지 않는다!
개념을 보고 '느낌 알면서~.'

개념을 바르게 이해하지 못한 채 생각 없이 문제만 풀다 보면 어느 순간 벽에 부딪힐 수 있어요. 기초 체력을 키우려면 영양소를 골고루 섭취해야 하듯, 연산도 훈련 과정에서 개념과 원리를 함께 접해야 기초를 건강하게 다질 수 있답니다.

오호! 제목만 읽어도 개념이 쏙쏙~.

우왓! 비법을 아니 쉽네? '바빠 꿀팁'과 '앗! 실수'를 꼭 봐요~.

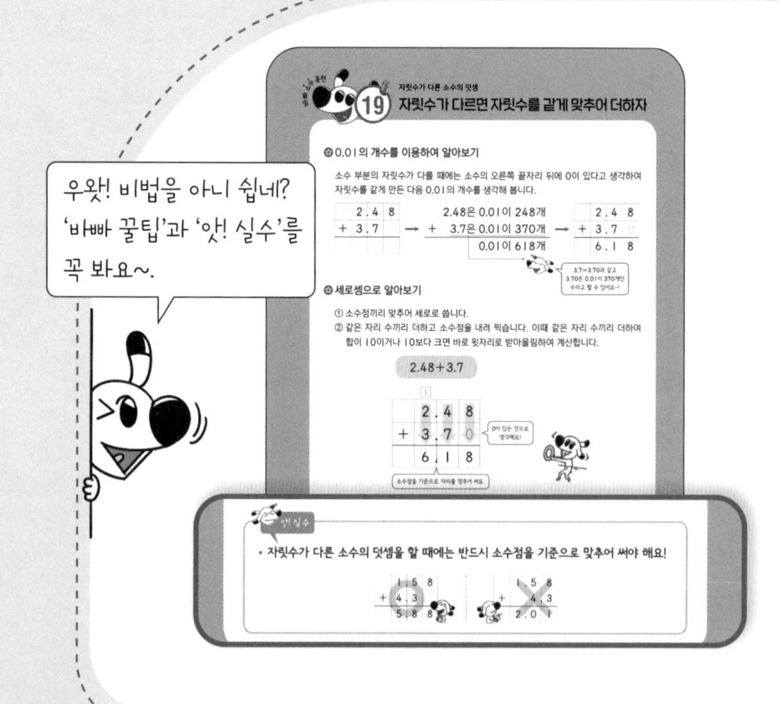

책 속의 선생님!
'바빠 꿀팁'과 '앗! 실수'로
선생님과 함께 푼다!

수학 전문학원 원장님들의 의견을 받아 책 곳곳에 친절한 도움말을 담았어요. 문제를 풀 때 알아두면 좋은 '바빠 꿀팁'부터 실수를 줄여 주는 '앗! 실수'까지! 혼자 푸는데도 선생님이 옆에 있는 것 같아요!

종합 선물 같은 훈련 문제

실력을 쌓아 주는 바빠의 '작은 발걸음' 방식!

쉬운 내용은 빠르게 학습하고, 어려운 부분은 더 많이 훈련하도록 구성해 학습 효율을 높였어요. 또한 조금씩 수준을 높여 도전하는 바빠의 '작은 발걸음 방식(small step)'으로 몰입도를 높였어요.

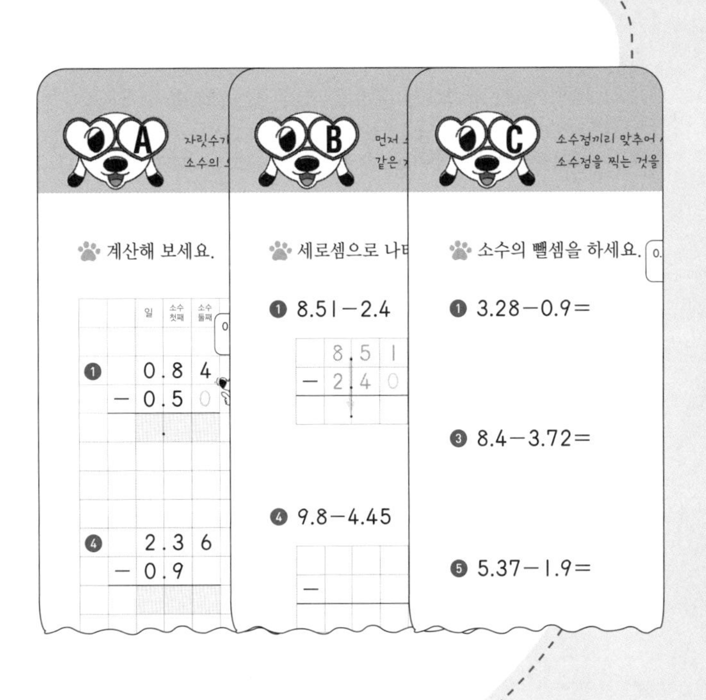

다양한 문제로 이해하고, 내 것으로 만드니 자신감이 저절로!

단순 계산력 문제만 연습하고 끝나지 않아요. 쉬운 생활 속 문장제로 완성하며 개념을 정리하고, 한 마당이 끝날 때마다 섞어서 연습하고, 게임처럼 즐겁게 마무리하는 종합 문제까지!

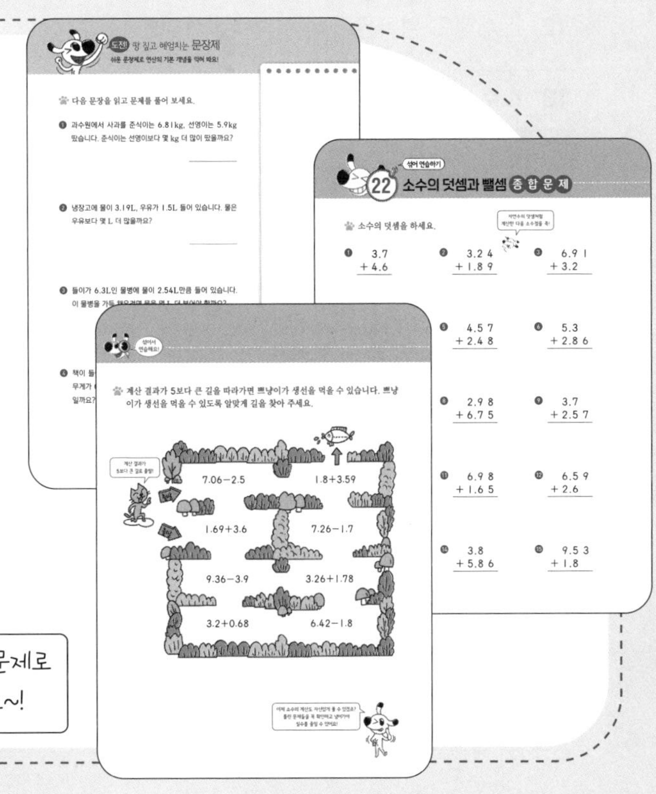

바쁜 3·4학년을 위한 빠른 소수

바쁜 3·4학년을 위한 빠른 소수

진단 평가

'차근차근 문제를 풀어 더 정확하게 확인하겠다!' 면 20문항을 모두 풀고,
'빠르게 확인하고 계획을 세울 자신이 있다!' 면 짝수 문항만 풀어 보세요.

내 실력은 어느 정도일까?

15분 진단

평가 문항: 20문항

3학년은 풀지 않아도 됩니다.
➔ 바로 20일 진도로 진행!

진단할 시간이 부족하다면?

7분 진단

평가 문항: 10문항

학원이나 공부방 등에서
진단 시간이 부족할 때 사용!

시계가 준비됐나요?
자! 이제, 제시된 시간 안에 진단 평가를 풀어 본 후
12쪽의 '권장 진도표'를 참고하여 공부 계획을 세워 보세요.

소수 진단 평가

3학년~4학년 과정

분수는 소수로, 소수는 분수로 나타내세요.

❶ $\frac{7}{10}$ ➡ (　　　　　)

② $\frac{9}{10}$ ➡ (　　　　　)

❸ 0.6 ➡ (　　　　　)

④ 0.8 ➡ (　　　　　)

❺ 0.92 ➡ (　　　　　)

⑥ $\frac{23}{100}$ ➡ (　　　　　)

설명하는 소수를 쓰세요.

❼ 0.01이 86개인 수

➡ (　　　　　)

⑧ 0.01이 92개인 수

➡ (　　　　　)

❾ 0.001이 124개인 수

➡ (　　　　　)

⑩ 0.001이 706개인 수

➡ (　　　　　)

빈칸에 알맞은 수를 써넣으세요.

⑪
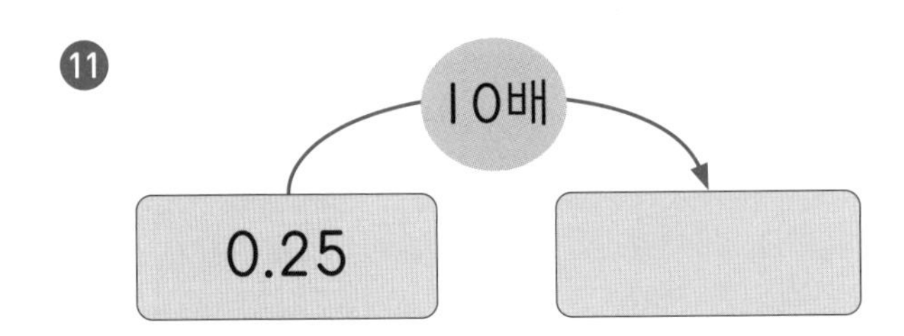

⑫
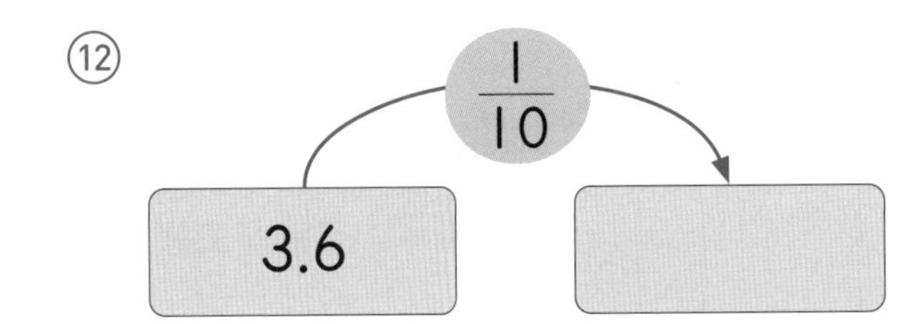

⑬
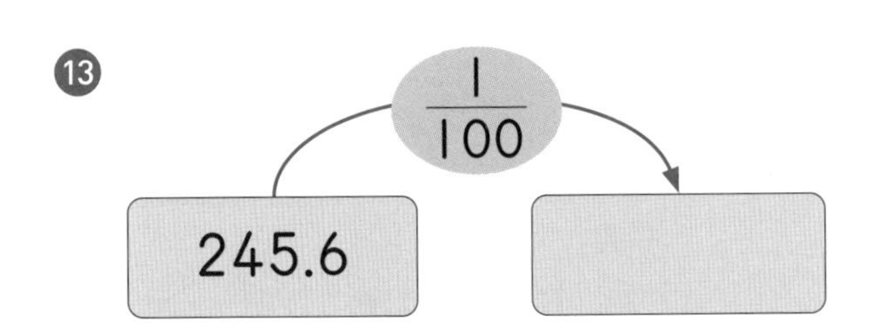

⑭
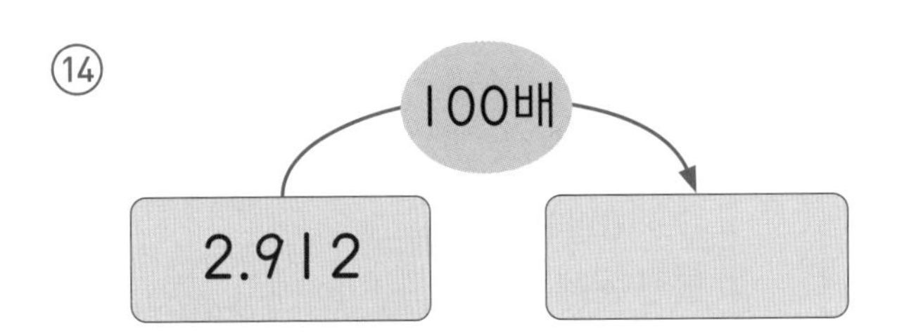

계산을 하세요.

⑮ $4.3+1.6=$

⑯ $6.8-2.3=$

⑰ $7.23+1.09=$

⑱ $5.38+1.94=$

⑲ $2.5-1.84=$

⑳ $3.52-1.6=$

나만의 공부 계획을 세워 보자

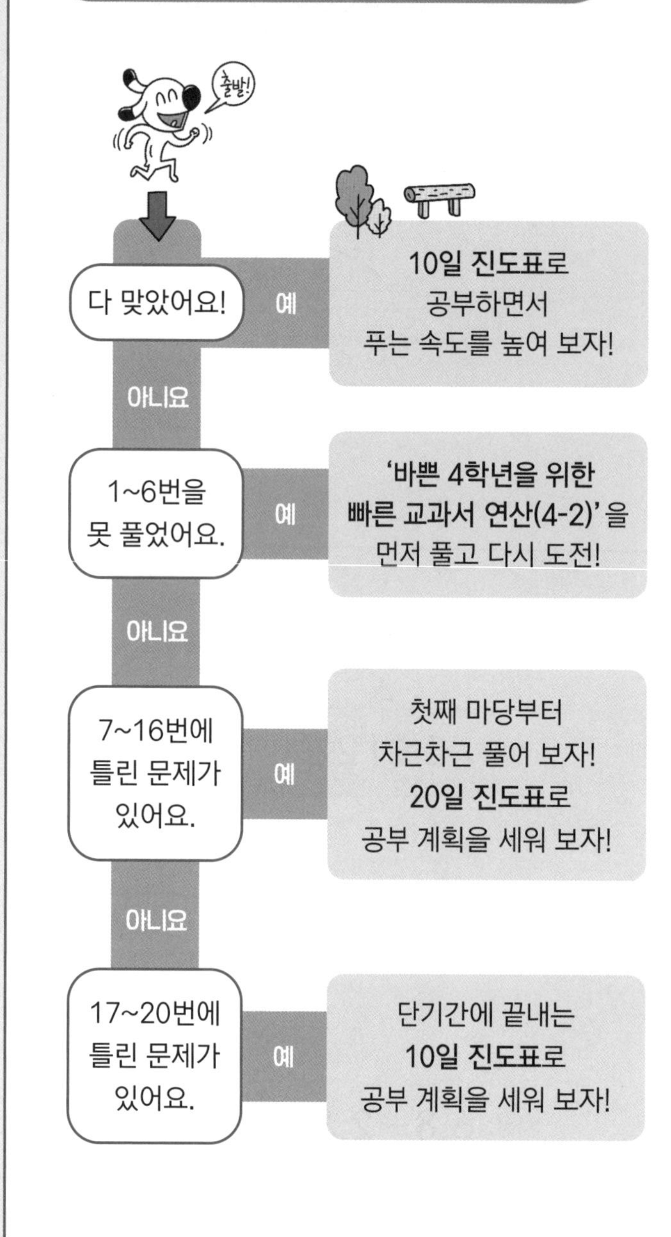

권장 진도표

★	20일 진도	10일 진도
1일	01 ~ 02	01 ~ 03
2일	03 ~ 04	04 ~ 05
3일	05	06 ~ 07
4일	06	08 ~ 09
5일	07	10 ~ 11
6일	08	12 ~ 13
7일	09	14 ~ 15
8일	10	16 ~ 17
9일	11	18 ~ 19
10일	12	20 ~ 22
11일	13	
12일	14	
13일	15	
14일	16	
15일	17	
16일	18	
17일	19	
18일	20	
19일	21	
20일	22	

야호!
총정리 끝!

진단 평가 정답

❶ 0.7 ② 0.9 ❸ $\frac{6}{10}$ ④ $\frac{8}{10}$ ❺ $\frac{92}{100}$ ⑥ 0.23

❼ 0.86 ⑧ 0.92 ❾ 0.124 ⑩ 0.706 ⓫ 2.5 ⑫ 0.36

⓭ 2.456 ⑭ 291.2 ⓯ 5.9 ⑯ 4.5 ⓱ 8.32 ⑱ 7.32

⓳ 0.66 ⑳ 1.92

첫째 마당

소수 알아보기

분수와 소수는 한 가족이에요. 분모가 10인 분수를 통하여 소수 한 자리 수를, 분모가 100인 분수를 통하여 소수 두 자리 수를, 분모가 1000인 분수를 통하여 소수 세 자리 수를 이해할 수 있어요. 이번 마당을 통해 소수에 대해서 알아보아요!

공부할 내용!	완료	10일 진도	20일 진도
01 분모가 10인 분수를 소수로 나타낼 수 있어	☑	1일 차	1일 차
02 주어진 길이를 소수로 나타낼 수 있어	☐		
03 분모가 100인 분수를 소수로 나타낼 수 있어	☐		2일 차
04 1보다 큰 소수 두 자리 수를 알 수 있어	☐	2일 차	
05 분모가 1000인 분수를 소수로 나타낼 수 있어	☐		3일 차
06 1보다 큰 소수 세 자리 수를 알 수 있어	☐	3일 차	4일 차
07 소수는 자리에 따라 나타내는 수가 달라	☐		5일 차
08 소수의 크기 비교는 높은 자리부터 차례대로!	☐	4일 차	6일 차
09 소수 알아보기 종합 문제	☐		7일 차

1보다 작은 소수 한 자리 수

분모가 10인 분수를 소수로 나타낼 수 있어

0.1 알아보기

• 전체를 똑같이 10으로 나눈 것 중의 1은 $\frac{1}{10}$입니다.

• 분수 $\frac{1}{10}$을 0.1이라 쓰고 영 점 일이라고 읽습니다.

분모가 10인 분수를 소수로 나타내기

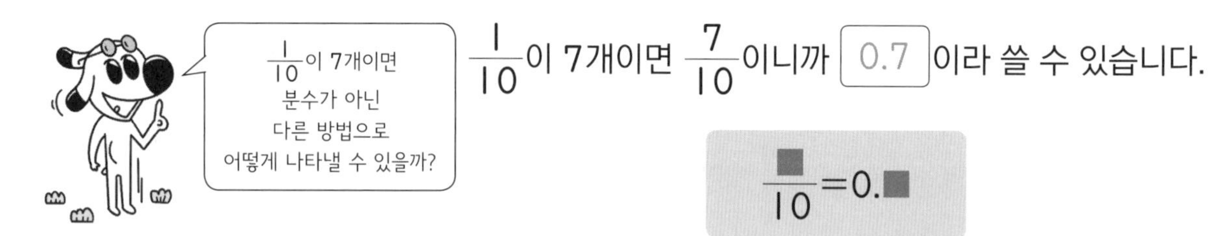

$\frac{1}{10}$이 7개이면 $\frac{7}{10}$이니까 0.7이라 쓸 수 있습니다.

0.1, 0.2, 0.3과 같은 수를 소수라 하고, '.'을 소수점이라고 합니다.

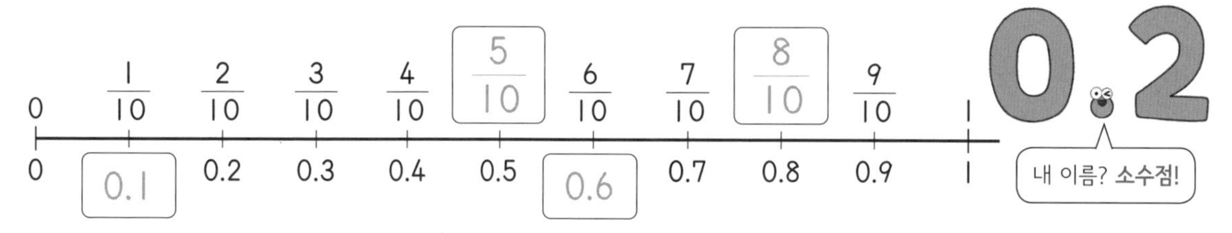

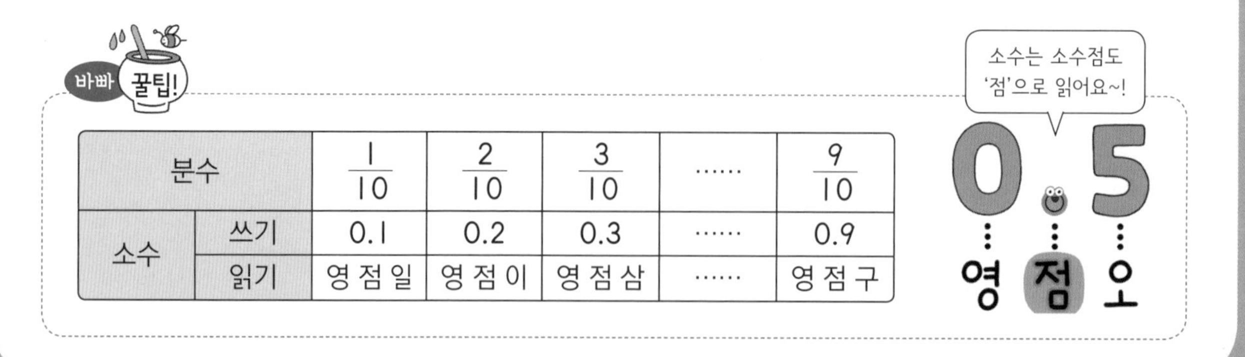

분수		$\frac{1}{10}$	$\frac{2}{10}$	$\frac{3}{10}$	......	$\frac{9}{10}$
소수	쓰기	0.1	0.2	0.3	......	0.9
	읽기	영 점 일	영 점 이	영 점 삼	......	영 점 구

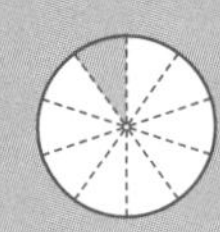

전체를 똑같이 10으로 나눈 것 중의 1

분수	소수
$\frac{1}{10}$	0.1

 그림을 보고 분수와 소수로 나타내세요.

❶

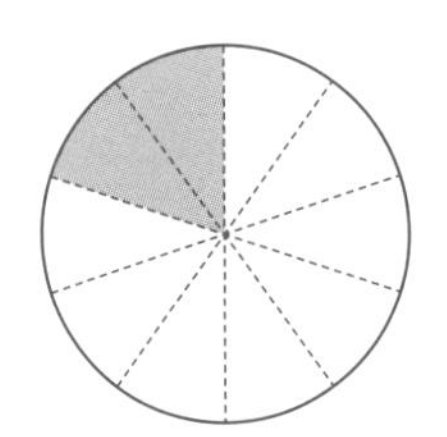

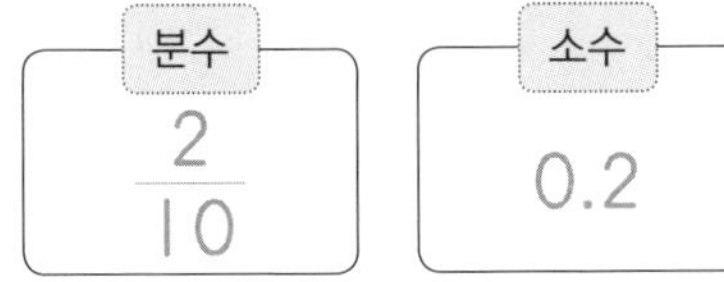

❷

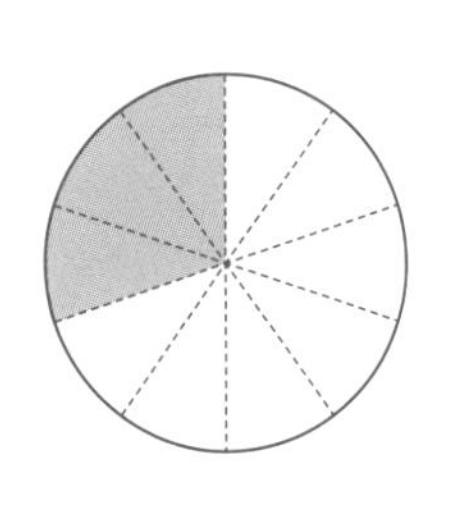

분수 소수

❸

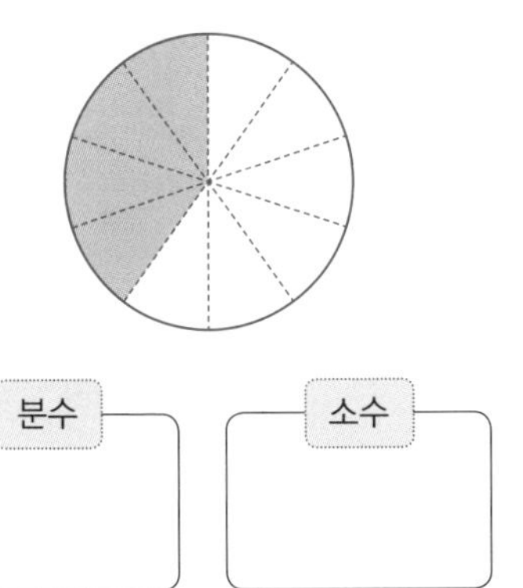

❹

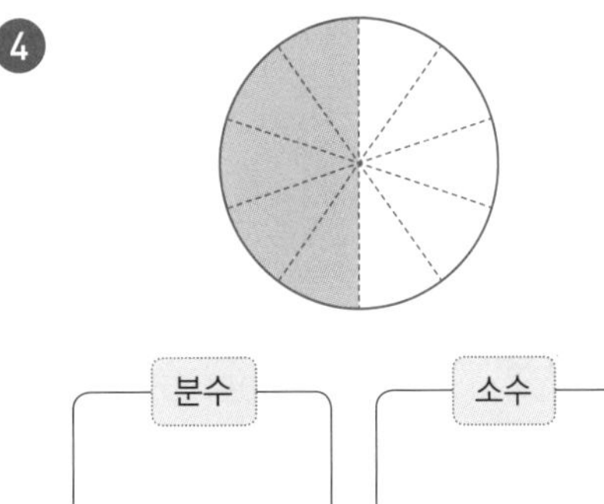

❺

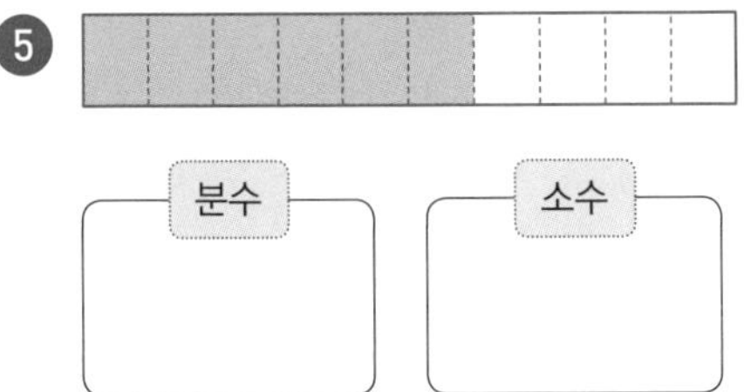

❻

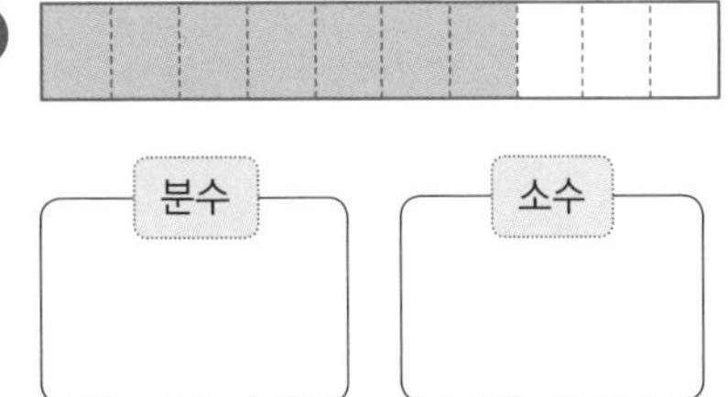

❼

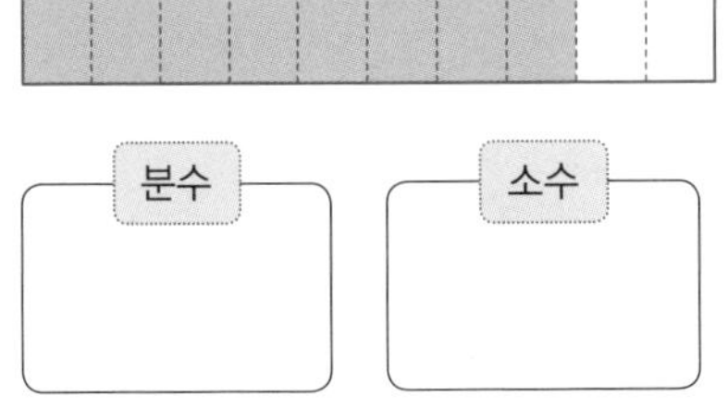

❽

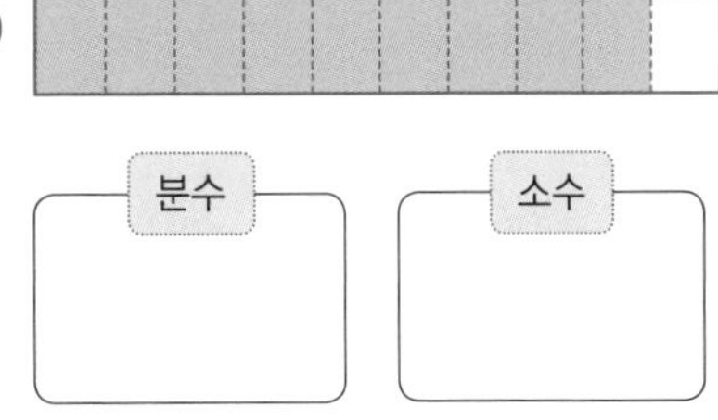

소수 0.■는 전체를 똑같이 10으로 나눈 것 중의 ■를 나타낸 분수 $\frac{■}{10}$를 소수점을 사용하여 나타내는 방법이에요.

분수를 소수로, 소수를 분수로 나타내세요.

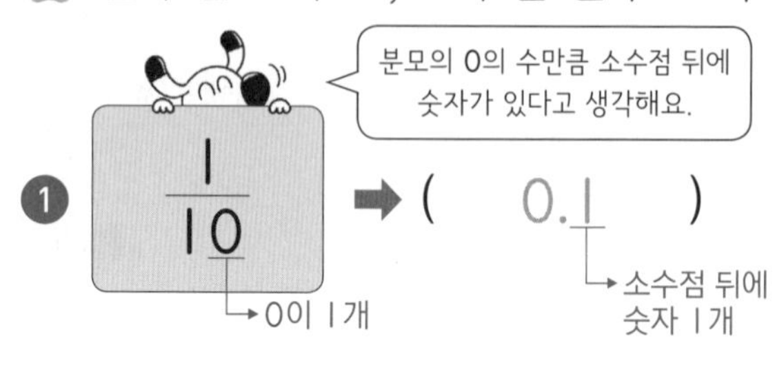

① $\frac{1}{10}$ ➡ (0.1)

0이 1개 → 소수점 뒤에 숫자 1개

② $\frac{3}{10}$ ➡ ( )

③ $\frac{6}{10}$ ➡ ( )

④ 0.4 ➡ ($\frac{4}{10}$)

소수점 뒤에 숫자 1개 → 0이 1개

⑤ $\frac{2}{10}$ ➡ ( )

⑥ $\frac{5}{10}$ ➡ ( )

⑦ 0.6 ➡ ( )

⑧ 0.3 ➡ ( )

⑨ $\frac{8}{10}$ ➡ ( )

⑩ 0.7 ➡ ( )

⑪ 0.9 ➡ ( )

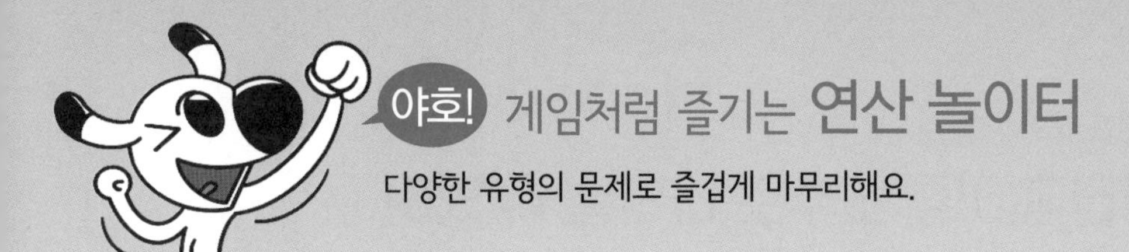

표지판에 있는 분수와 크기가 같은 소수가 써 있는 길을 따라가고 있습니다. 도착하는 마지막 분수와 크기가 같은 소수가 보물 상자의 비밀번호일 때 따라간 길을 표시하고, ▢ 안에 분수와 크기가 같은 소수와 비밀번호를 각각 써넣으세요.

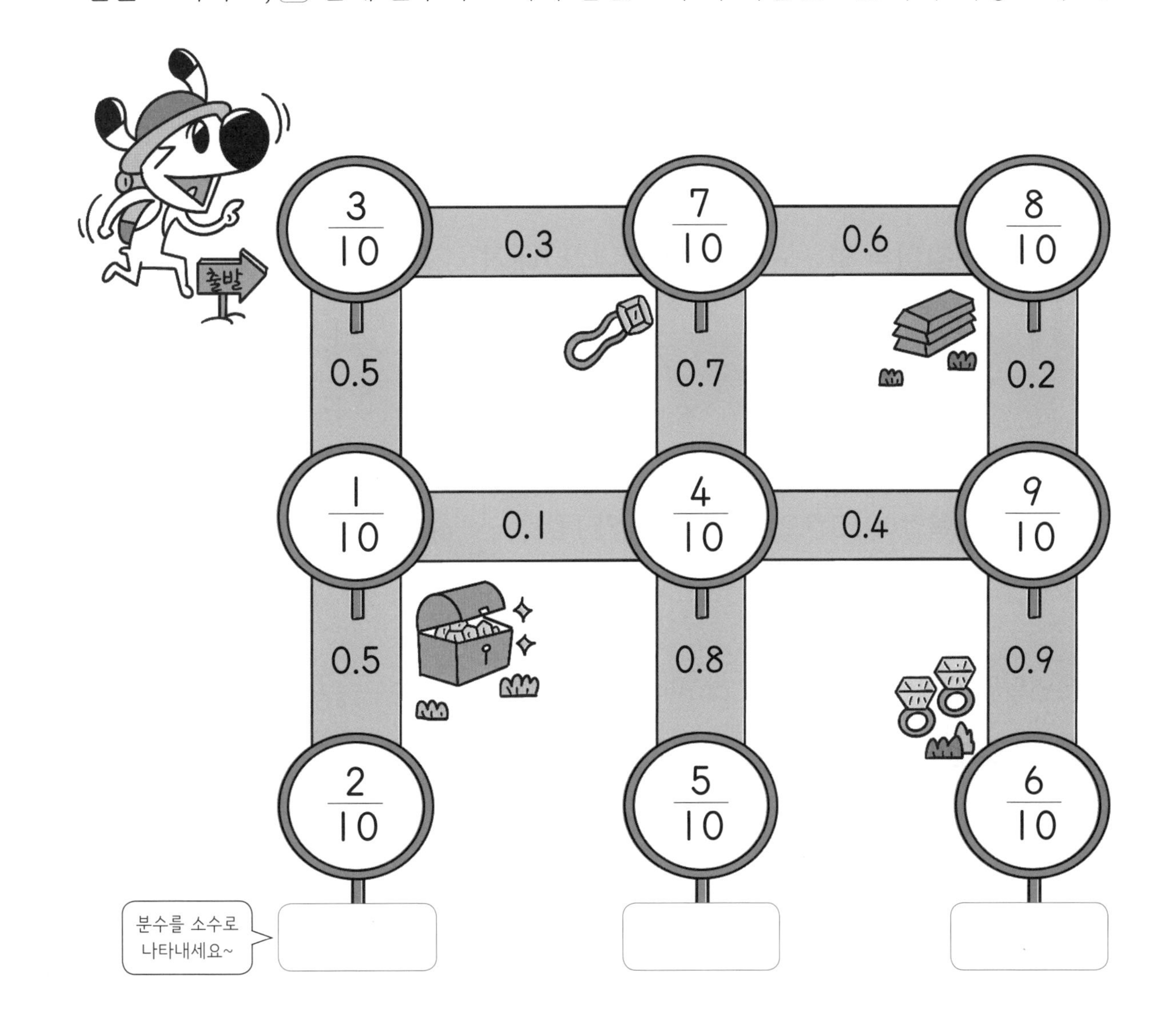

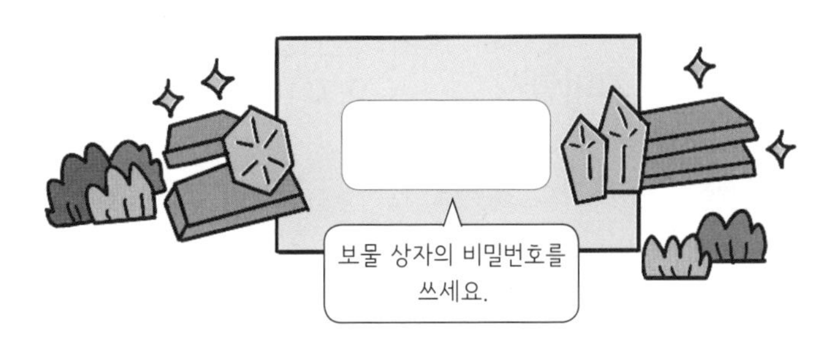

1보다 큰 소수 한 자리 수

주어진 길이를 소수로 나타낼 수 있어

1보다 큰 소수 한 자리 수 알아보기

색칠한 부분은 0.1이 14개이고, 0.1이 10개인 수는 1입니다.

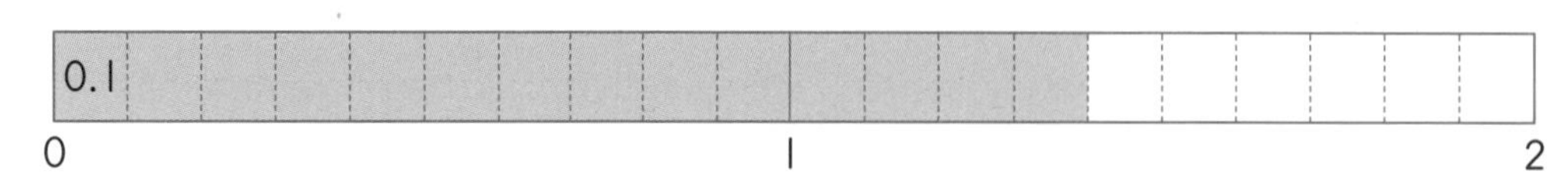

➡ 색칠한 부분은 1과 0.4만큼을 나타내므로 1.4라 쓰고, 일 점 사라고 읽습니다.

연필의 길이는 몇 cm인지 소수로 나타내기

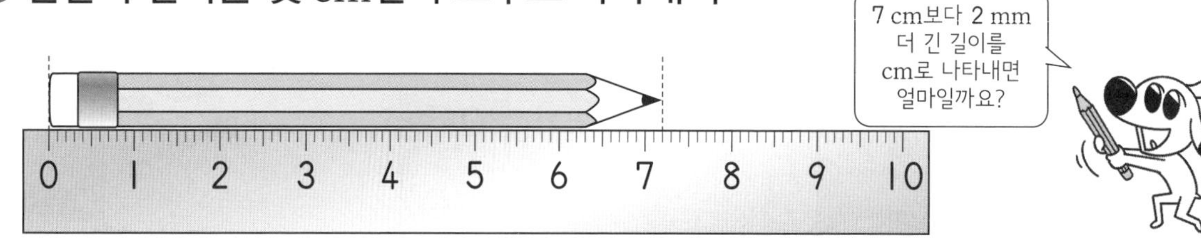

7 cm보다 2 mm 더 긴 길이를 cm로 나타내면 얼마일까요?

1 cm를 똑같이 10칸으로 나눈 것 중의 1칸은 $\frac{1}{10}$ cm=0.1 cm입니다.

연필의 길이는 7 cm보다 2 mm 더 깁니다.
↳ 2 mm=0.2 cm

연필의 길이는 7 cm와 0.2 cm이므로 [7.2] cm입니다.

➡ 7과 0.2만큼을 7.2라 쓰고, [칠 점 이]라고 읽습니다.

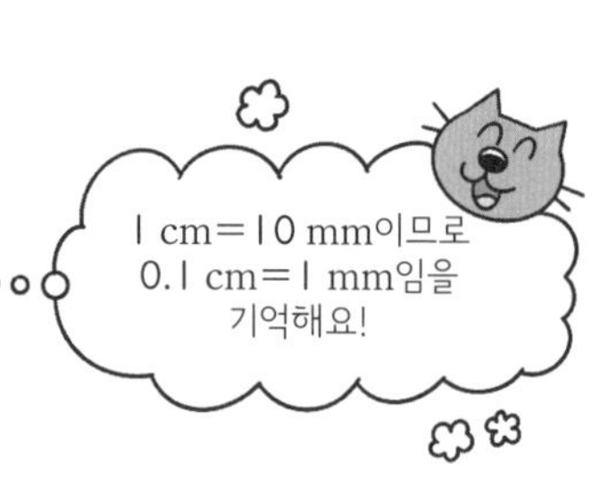

• 0.1이 ■▲개인 수 알아보기

0.1이 10개이면? 1
그럼 0.1이 13개이면?

0.1이 10개 1　0.1이 3개 0.3

➡ 0.1이 ■▲개이면 ■.▲입니다.

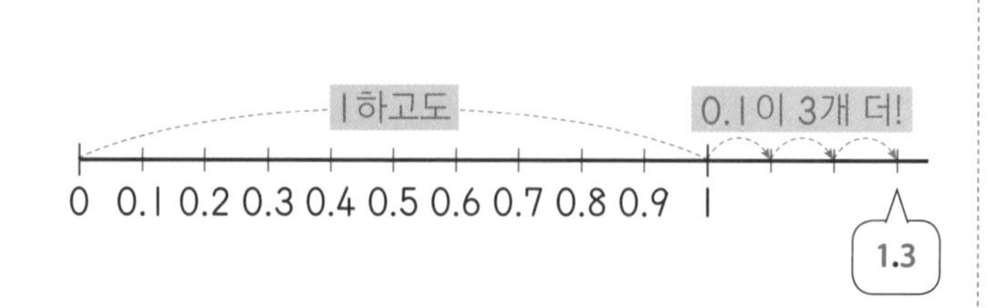

■와 0.▲만큼인 수 ➡ ■.▲

소수로 쓰고 읽어 보세요.

1. 1과 0.9만큼인 수

쓰기 1.9

읽기 일 점 구

'일∨점∨구' 띄어쓰기에 주의하세요~.

2. 2와 0.7만큼인 수

쓰기

읽기

3. 3과 0.3만큼인 수

쓰기

읽기

4. 5와 0.4만큼인 수

쓰기

읽기

5. 11과 0.1만큼인 수

쓰기

읽기

6. 21과 0.2만큼인 수

쓰기

읽기

7. 18과 0.6만큼인 수

쓰기

읽기

8. 30과 0.1만큼인 수

쓰기

읽기

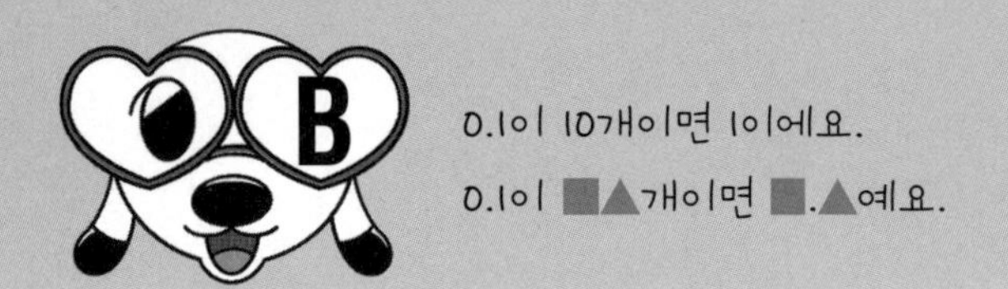

🐾 알맞은 소수를 쓰세요.

❶ 0.1이 11개인 수

➡ (1.1)

❷ 0.1이 25개인 수

➡ ( )

❸ 0.1이 17개인 수

➡ ( )

❹ 0.1이 47개인 수

➡ ( )

❺ 0.1이 21개인 수

➡ ( )

❻ 0.1이 55개인 수

➡ ( )

❼ 0.1이 40개인 수

➡ (4)

소수의 오른쪽 끝자리 0은 생략할 수 있어요. 4.0=4

❽ 0.1이 60개인 수

➡ ( )

❾ 0.1이 34개인 수

➡ ( )

❿ 0.1이 72개인 수

➡ ( )

⓫ 0.1이 38개인 수

➡ ( )

⓬ 0.1이 89개인 수

➡ ( )

1 cm는 10 mm이므로 1 mm는 0.1 cm예요.

▲ mm는 0.1 cm가 ▲개인 것과 같으므로 0.▲ cm예요. ➡ ■ cm ▲ mm=■.▲ cm

자로 잰 길이를 보고 ☐ 안에 알맞은 소수를 써넣으세요.

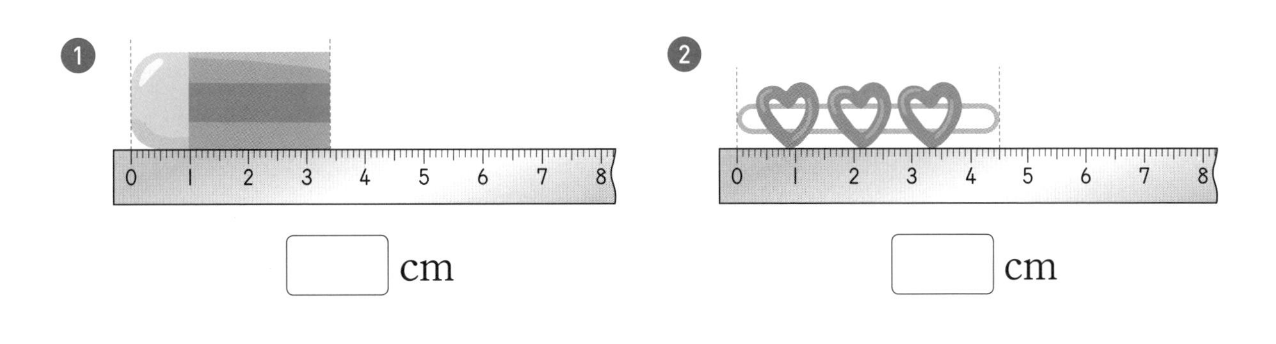

1 ☐ cm

2 ☐ cm

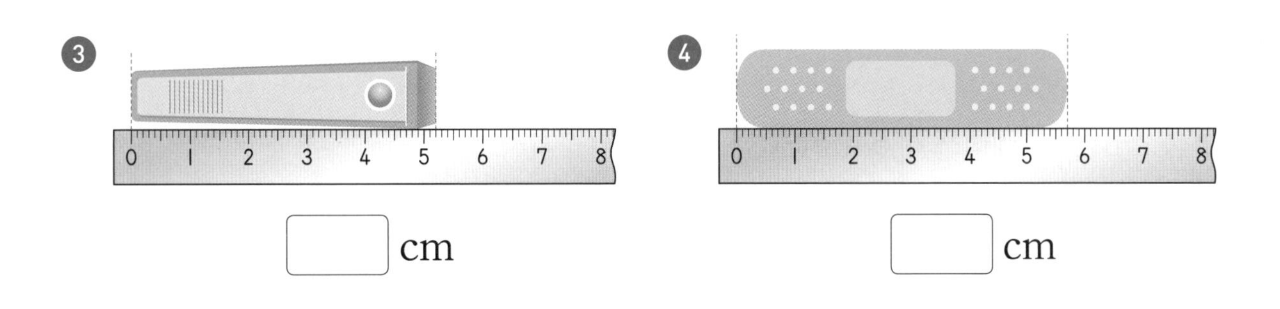

3 ☐ cm

4 ☐ cm

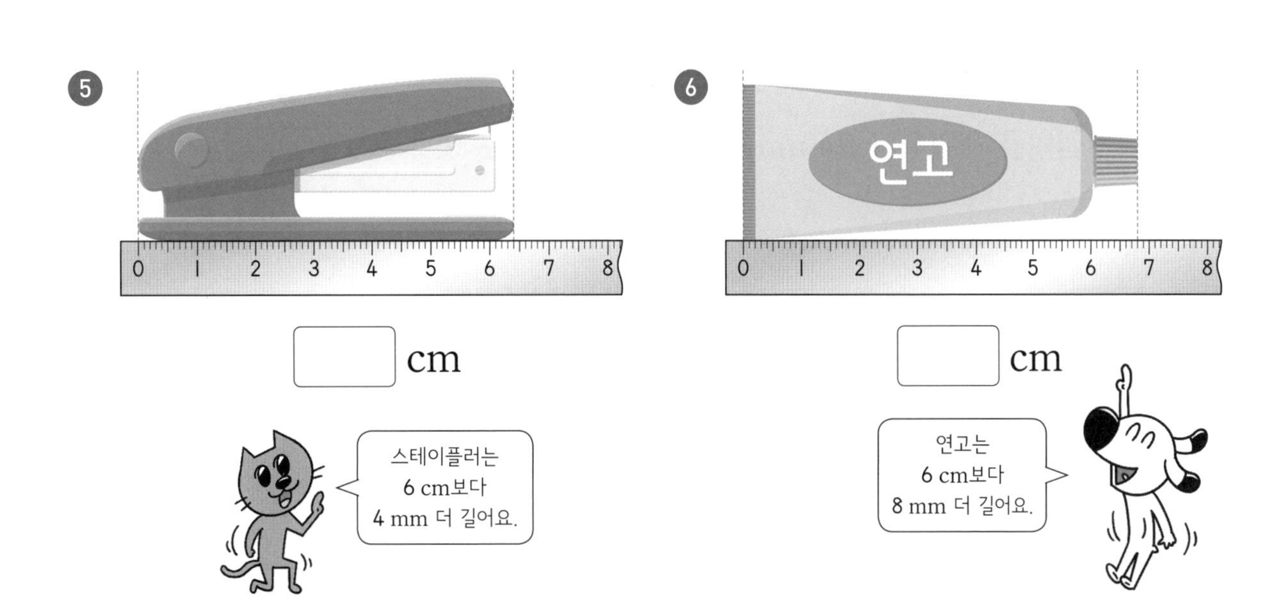

5 ☐ cm

6 ☐ cm

스테이플러는 6 cm보다 4 mm 더 길어요.

연고는 6 cm보다 8 mm 더 길어요.

쉬운 문장제로 연산의 기본 개념을 익혀 봐요!

다음 문장을 읽고 문제를 풀어 보세요.

1. 0.1이 62개이면 얼마일까요?

______

2. 9.5는 0.1이 몇 개일까요?

______

3. 4 cm인 색 테이프와 5 mm인 색 테이프를 겹치지 않게 나란히 이어 붙였습니다. 이어 붙인 색 테이프의 전체 길이는 몇 cm일까요?

■ cm ▲ mm=■.▲cm

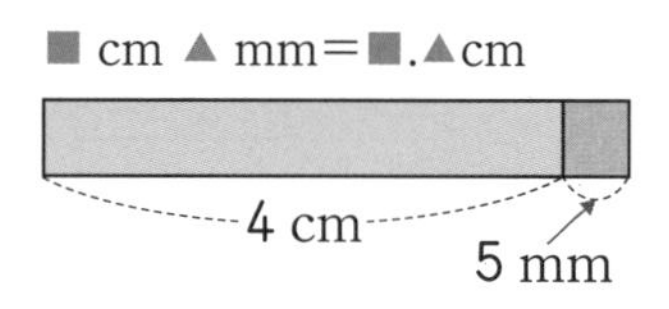

______

4. 클립의 길이를 재었더니 34 mm였습니다. 이 클립은 몇 cm일까요?

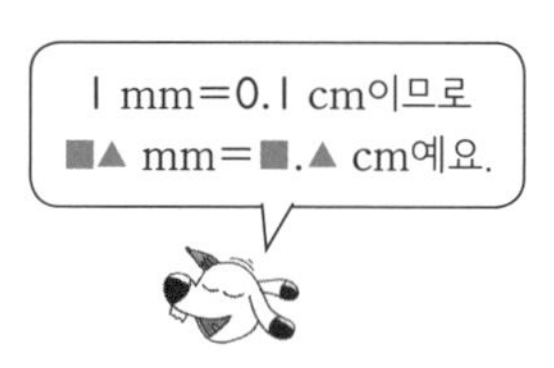

______

5. 오늘 내린 비의 양은 16 mm입니다. 오늘 내린 비의 양은 몇 cm일까요?

______

03

1보다 작은 소수 두 자리 수

분모가 100인 분수를 소수로 나타낼 수 있어

✪ 0.01 알아보기

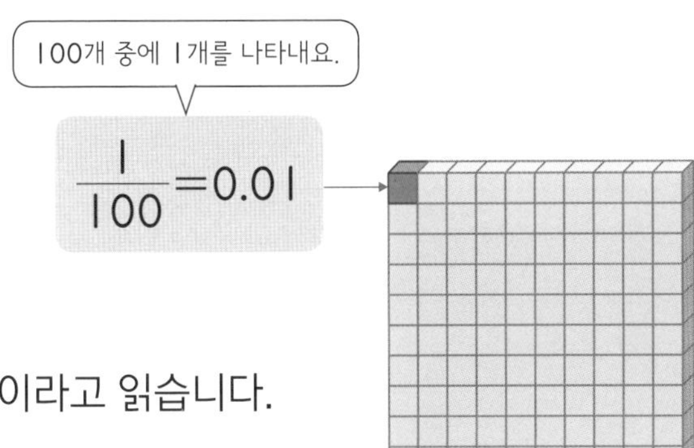

- 전체를 똑같이 100으로 나눈 것 중의 1은 $\frac{1}{100}$입니다.
- 분수 $\frac{1}{100}$을 0.01이라 쓰고 영 점 영일이라고 읽습니다.

✪ 모눈종이로 소수 두 자리 수 알아보기

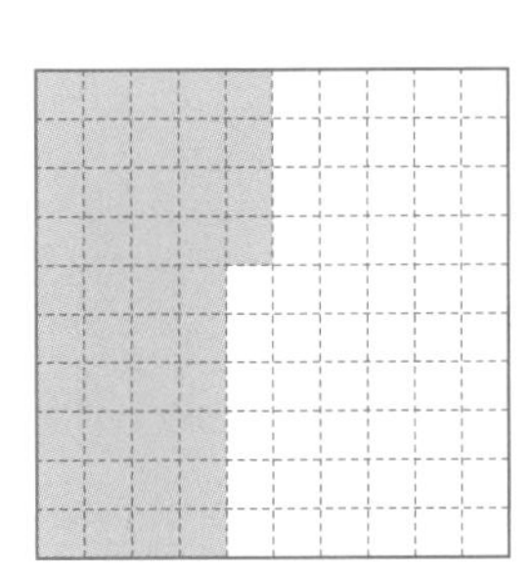

모눈종이에 색칠된 칸은 44칸이므로 색칠된 부분은

$\frac{44}{100}$= 0.44 이고, 0.44는 영 점 사사 라고 읽습니다.

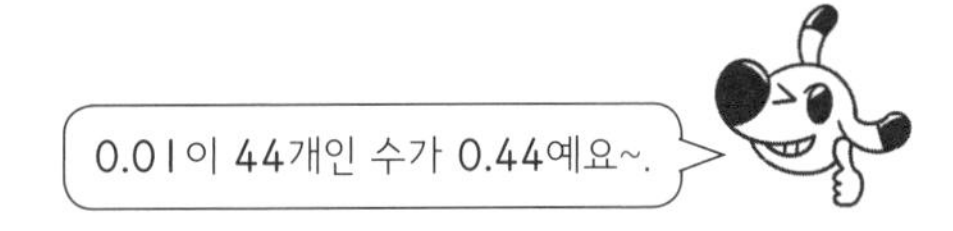

$\frac{■▲}{100}$=0.■▲

- 모눈종이 100칸에서 1줄은 0.1, 한 칸은 0.01이에요.

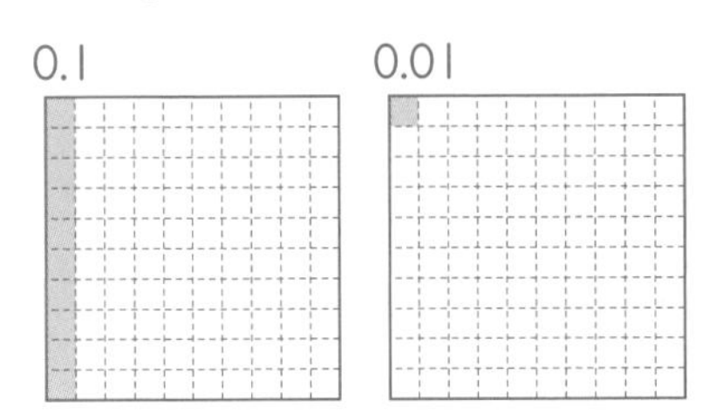

0.01

0.1을 10개로 똑같이 나눈 것 중의 하나!
1을 100개로 똑같이 나눈 것 중의 하나!

- 0.01이 10개이면 0.10이고 소수 부분의 맨 오른쪽 끝의 0은 생략할 수 있어요!

0.1∅=0.1

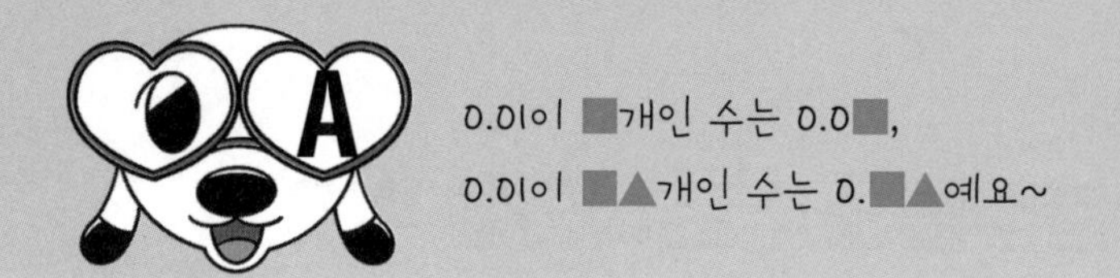

모눈종이 전체의 크기가 1일 때 색칠된 부분을 소수로 나타내세요.

❶ 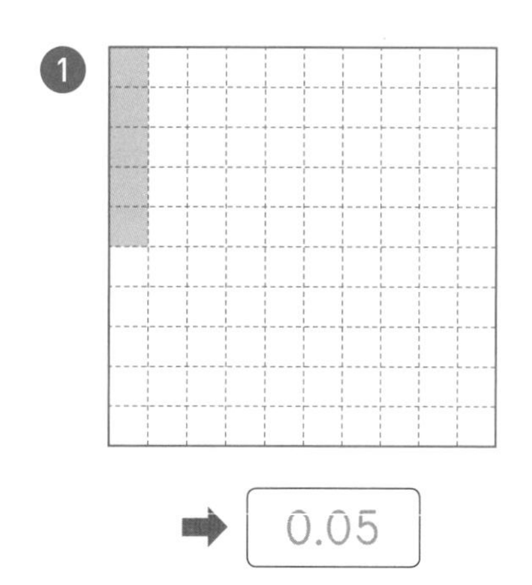

➡ 0.05

❷ 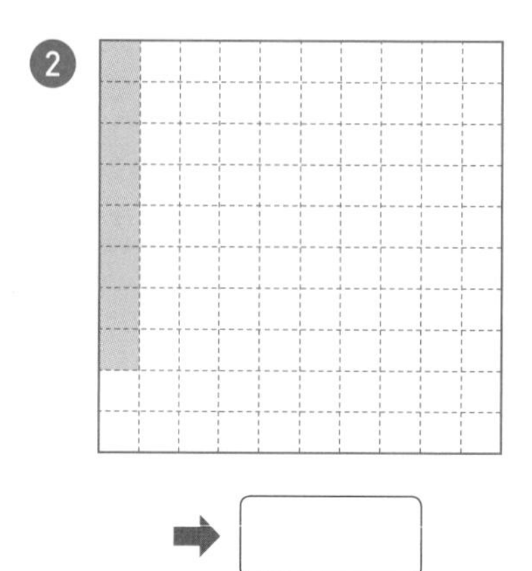

➡

❸ 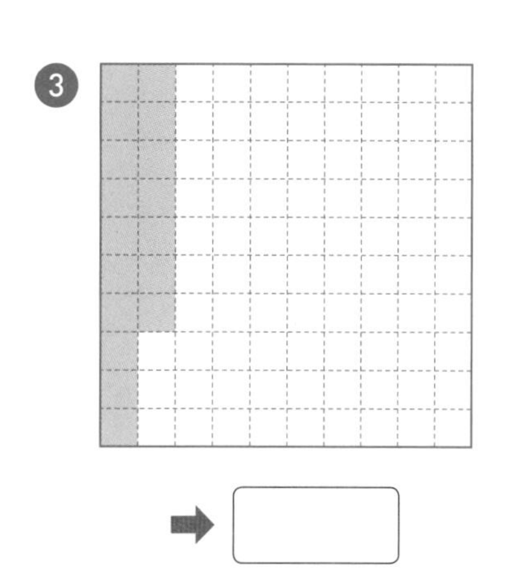

➡

❹ 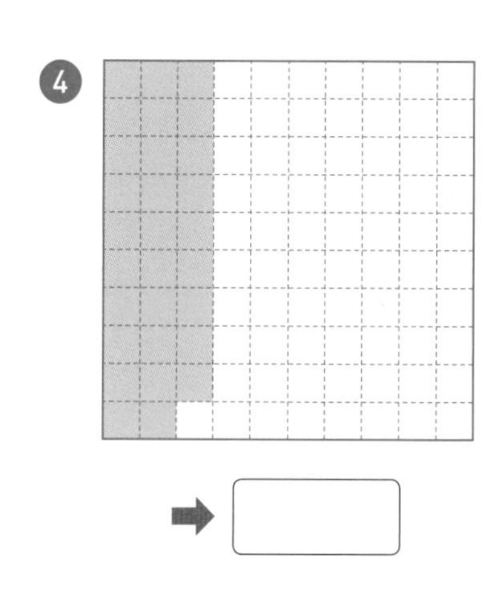

➡

❺ 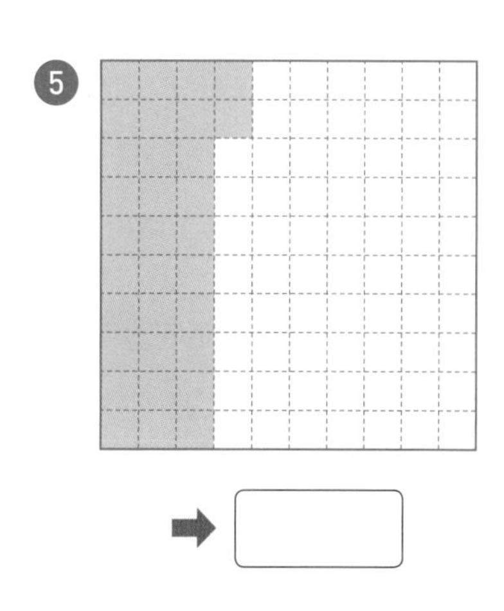

➡

❻ 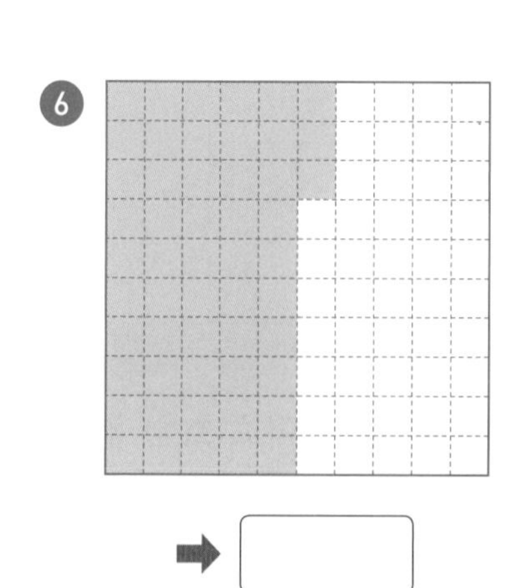

➡

분수를 소수로 나타내세요.

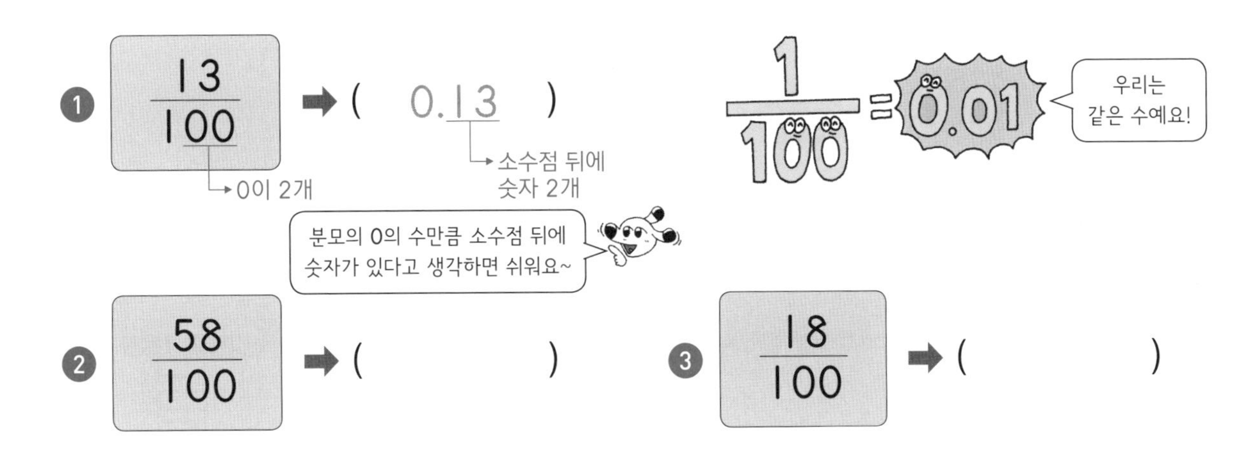

❶ $\frac{13}{100}$ ➡ (0.13)

❷ $\frac{58}{100}$ ➡ ( )

❸ $\frac{18}{100}$ ➡ ( )

❹ $\frac{74}{100}$ ➡ ( )

❺ $\frac{35}{100}$ ➡ ( )

❻ $\frac{31}{100}$ ➡ ( )

❼ $\frac{28}{100}$ ➡ ( )

❽ $\frac{99}{100}$ ➡ ( )

❾ $\frac{65}{100}$ ➡ ( )

❿ $\frac{80}{100}$ ➡ (0.8~~0~~)

소수의 오른쪽 끝자리 0은 생략할 수 있어요!

⓫ $\frac{70}{100}$ ➡ ( )

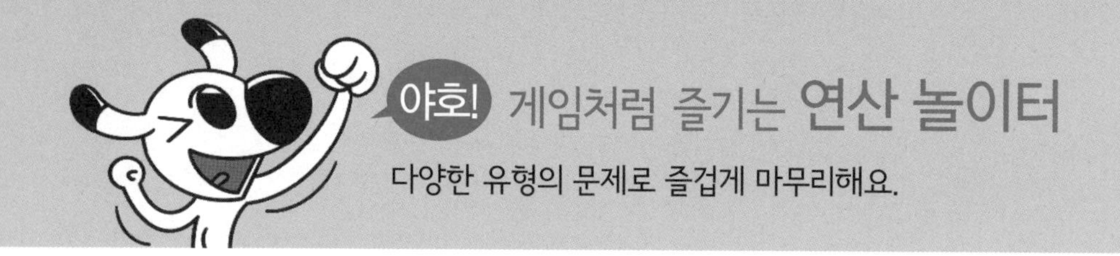

소수가 0.01씩 커지는 순서대로 써 있습니다. 생략할 수 있는 0이 있는 칸에 모두 ×표 하세요.

1보다 큰 소수 두 자리 수

1보다 큰 소수 두 자리 수를 알 수 있어

✪ 수직선에서 소수 두 자리 수 알아보기

수직선에서 화살표가 가리키는 부분은 3.9에서 2칸 더 간 [3.92]입니다.

3.92는 [삼 점 구이]라고 읽습니다.

✪ 1보다 큰 분수를 소수로 나타내기

· $1\frac{32}{100}=1+\frac{32}{100}$ (0.32)

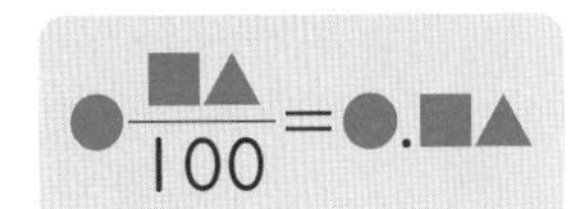

➡ 1과 0.32이므로 1.32로 나타낼 수 있습니다.

일의 자리	·	소수 첫째 자리	소수 둘째 자리
일 1	점 .	삼 3	이 2
1		0.3	0.02

1.32는 1보다 0.32 큰 수

0.01이 100개 + 0.01이 32개 = 0.01이 132개

• 1.32는 '일 점 삼이'라고 읽습니다.

앗! 실수

• 소수 부분은 숫자만 차례로 읽어요. 이때 0이 있으면 0도 꼭 읽어야 해요!

24.35 ‹ 이십사∨점∨삼오

~~이십사 점 삼십오~~

80.03 ‹ 팔십∨점∨영삼

~~팔십 점 영삼~~

수직선에 표시된 두 수의 차이를 찾고, 그 사이가 몇 칸으로 나누어졌는지 보면 수직선에서 한 칸의 크기를 알 수 있어요!

수직선에 표시된 위치를 소수로 나타내세요.

① 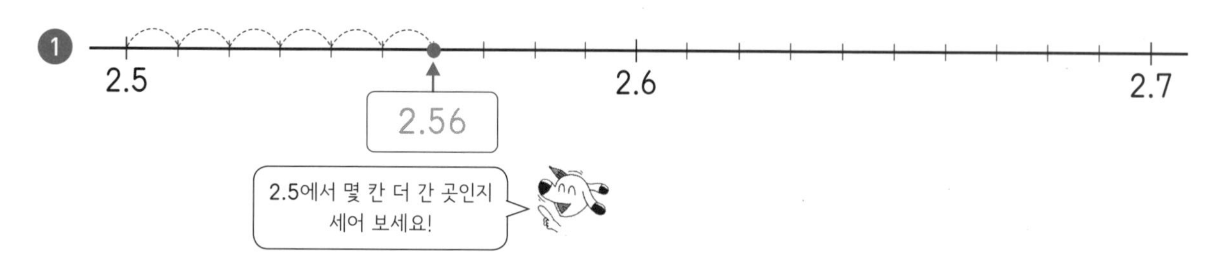

② 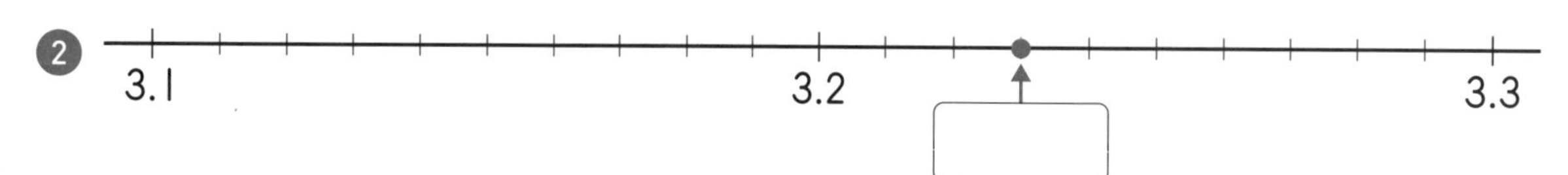

③ 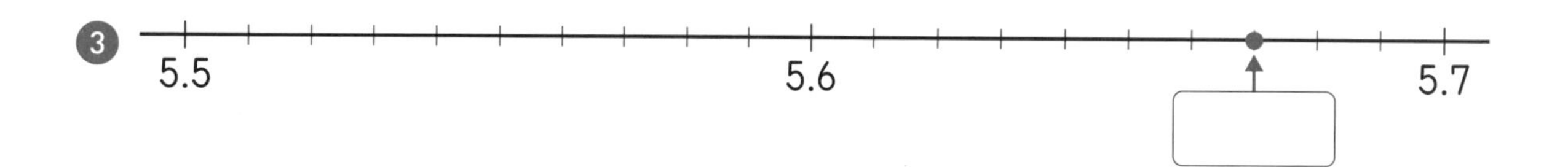

④ 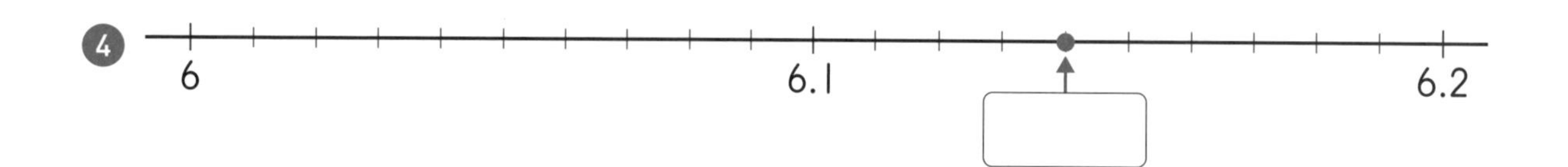

⑤ 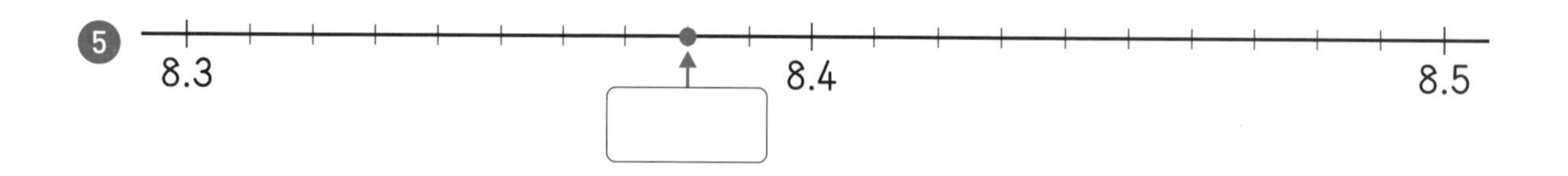

⑥ 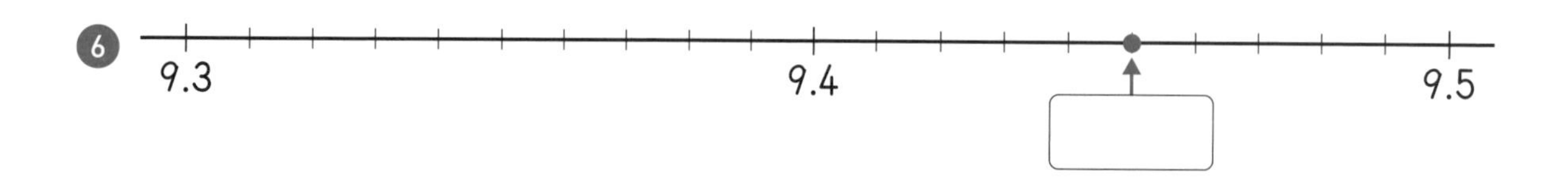

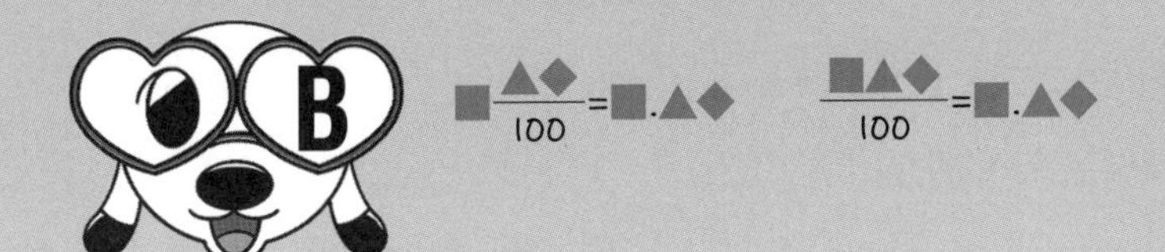

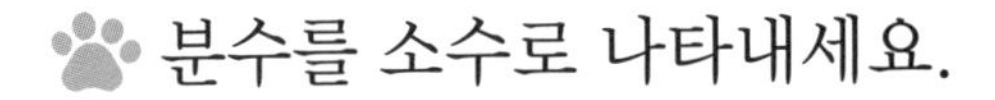

분수를 소수로 나타내세요.

자연수 부분을 먼저 써 놓고,
분수 부분을 소수로 바꿔 보세요~.

❶ $2\frac{13}{100}$ ➡ (2.13)

자연수 부분이 그대로 와요.

❷ $1\frac{52}{100}$ ➡ ( )

❸ $4\frac{27}{100}$ ➡ ( )

❹ $3\frac{11}{100}$ ➡ ( )

❺ $2\frac{93}{100}$ ➡ ( )

❻ $2\frac{24}{100}$ ➡ ( )

❼ $\frac{122}{100}$ ➡ (1.22)

0이 2개

소수점 뒤에 숫자 2개

❽ $\frac{135}{100}$ ➡ ( )

❾ $\frac{281}{100}$ ➡ ( )

❿ $\frac{613}{100}$ ➡ ( )

⓫ $\frac{345}{100}$ ➡ ( )

⓬ $\frac{407}{100}$ ➡ ( )

도전! 땅 짚고 헤엄치는 문장제

쉬운 문장제로 연산의 기본 개념을 익혀 봐요!

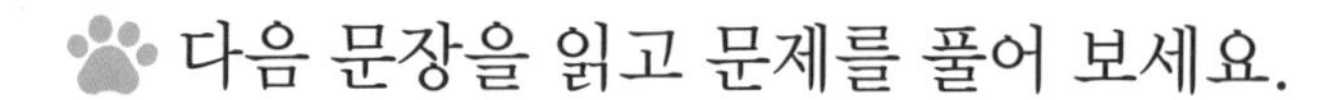

다음 문장을 읽고 문제를 풀어 보세요.

❶ 높이가 158 cm인 책장이 있습니다. 책장의 높이는 몇 m인지 소수로 나타내세요.

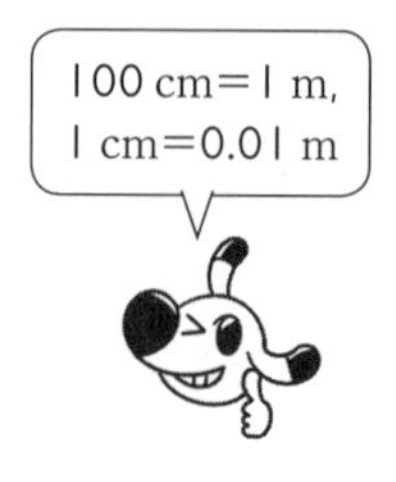

❷ 공원에 높이가 3 m 26 cm인 나무가 있습니다. 나무의 높이는 몇 m인지 소수로 나타내세요.

❸ 약수터에서 떠 온 물의 양은 2.53 L입니다. 물의 양을 나타내는 소수를 읽어 보세요. (단, 단위는 읽지 않습니다.)

❹ 콜라의 들이를 나타내는 소수를 읽어 보세요.

(단, 단위는 읽지 않습니다.)

1보다 작은 소수 세 자리 수

분모가 1000인 분수를 소수로 나타낼 수 있어

0.001 알아보기

- 전체를 똑같이 1000으로 나눈 것 중의 1은 $\frac{1}{1000}$입니다.
- 분수 $\frac{1}{1000}$을 0.001이라 쓰고 영 점 영영일이라고 읽습니다.

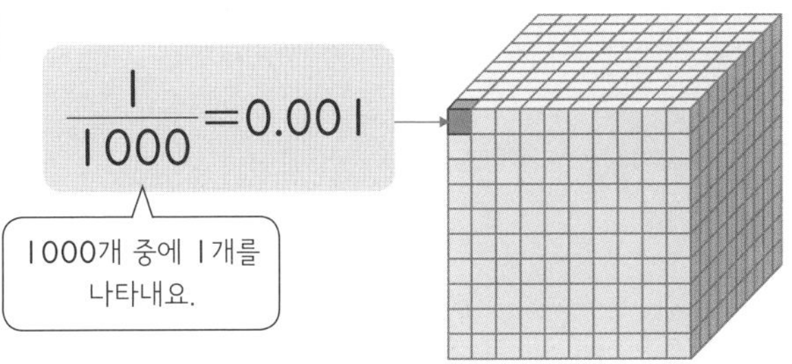

모눈종이로 소수 세 자리 수 알아보기

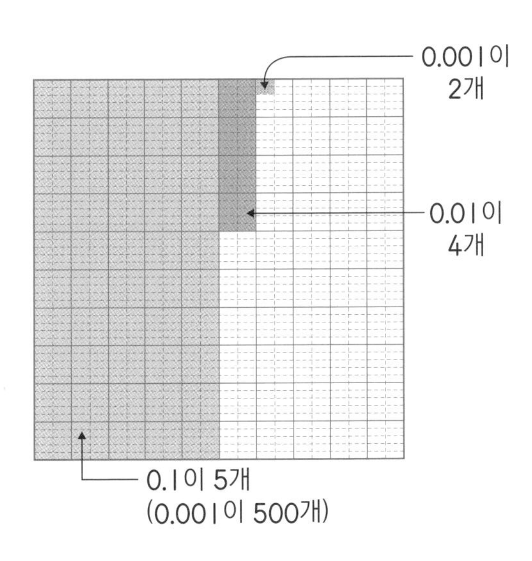

모눈종이에 색칠된 칸은 542칸이므로

색칠된 부분은 $\frac{542}{1000}$= 0.542 이고,

0.542는 영 점 오사이 라고 읽습니다.

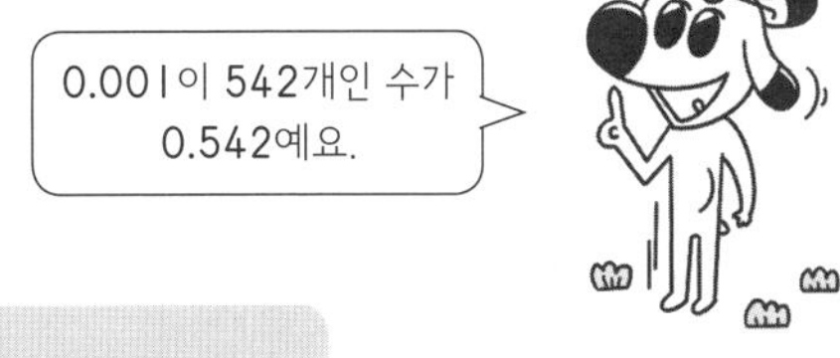

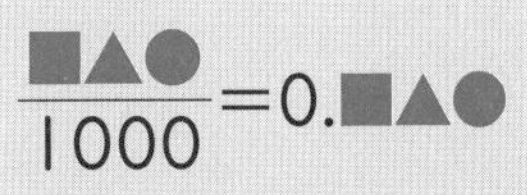

- 모눈종이 1000칸에서 0.1, 0.01, 0.001의 크기는 다음과 같아요!

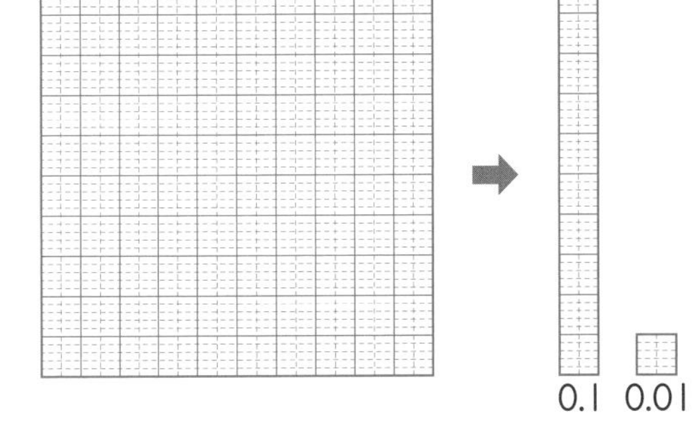

0.1은 0.001이 100개,
0.01은 0.001이 10개인 수예요~.

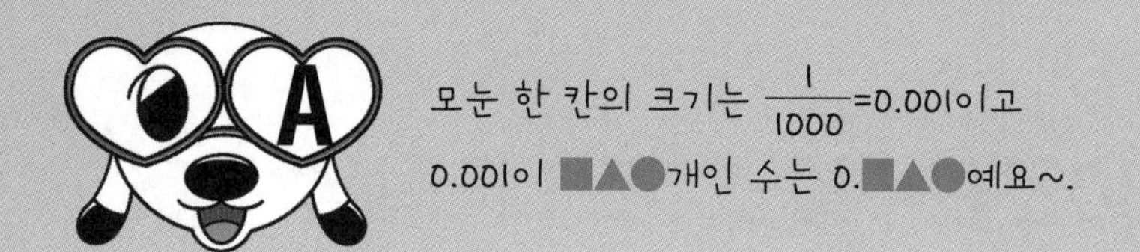

모눈 한 칸의 크기는 $\frac{1}{1000}$=0.001이고
0.001이 ■▲●개인 수는 0.■▲●예요~.

모눈종이 전체의 크기가 1일 때 색칠된 부분을 소수로 나타내세요.

①
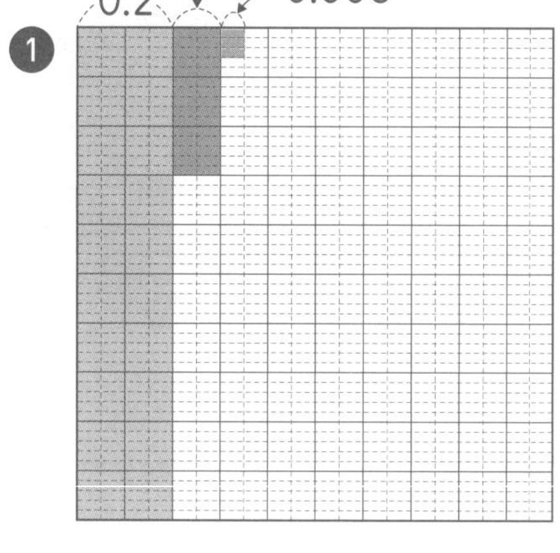

➡ 0.233

②
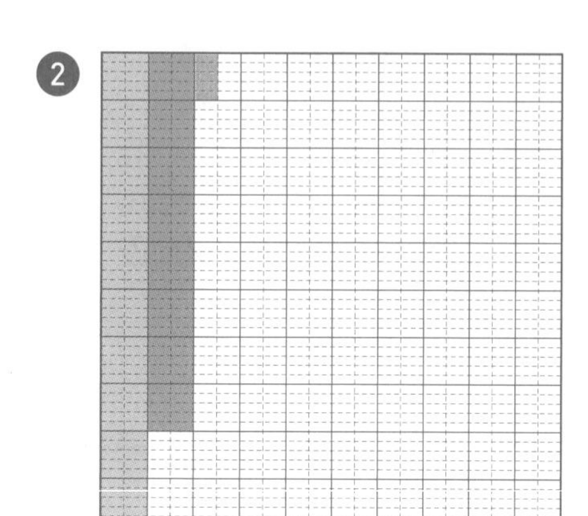

➡

③
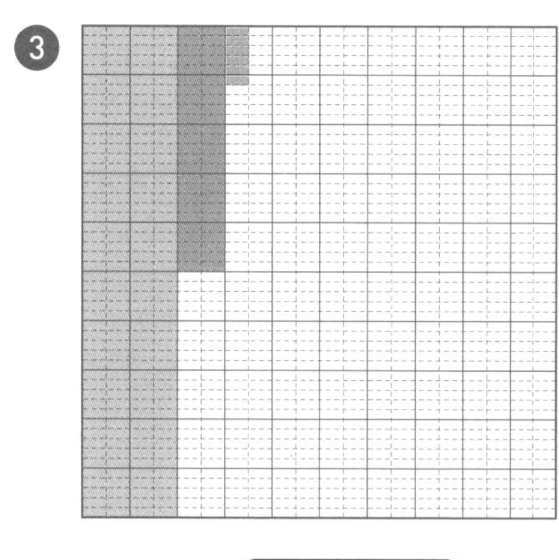

➡

④
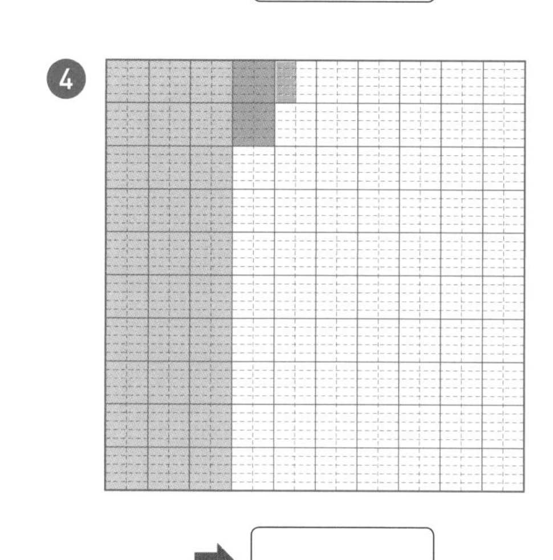

➡

⑤
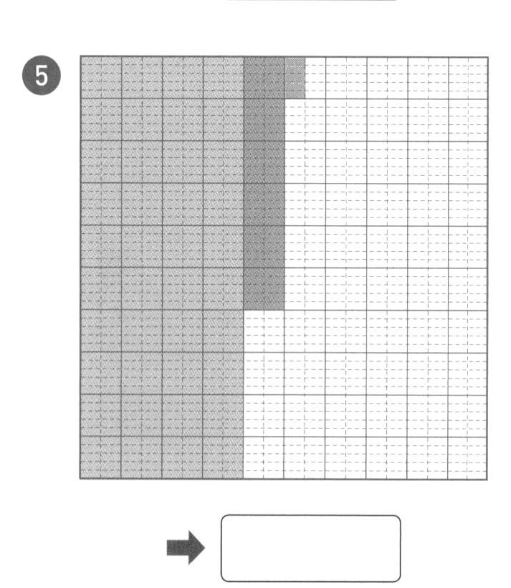

➡

⑥
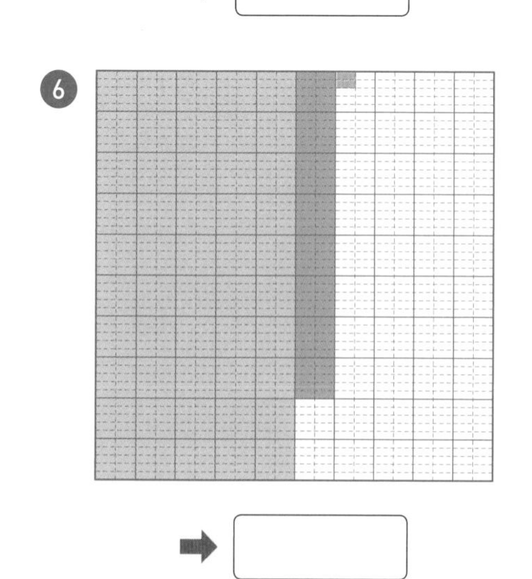

➡

$\frac{■▲●}{1000}=0.■▲●$

분수를 소수로 나타내세요.

❶ $\frac{136}{1000}$ ➡ (0.136)

0이 3개

소수점 뒤에 숫자 3개

❷ $\frac{216}{1000}$ ➡ (0.216)

분모의 0의 수만큼 소수점 뒤에 숫자가 있다고 생각하면 쉬워요~.

❸ $\frac{523}{1000}$ ➡ ( )

❹ $\frac{648}{1000}$ ➡ ( )

❺ $\frac{715}{1000}$ ➡ ( )

❻ $\frac{439}{1000}$ ➡ ( )

❼ $\frac{516}{1000}$ ➡ ( )

❽ $\frac{289}{1000}$ ➡ ( )

❾ $\frac{912}{1000}$ ➡ ( )

❿ $\frac{365}{1000}$ ➡ ( )

⓫ $\frac{236}{1000}$ ➡ ( )

⓬ $\frac{508}{1000}$ ➡ ( )

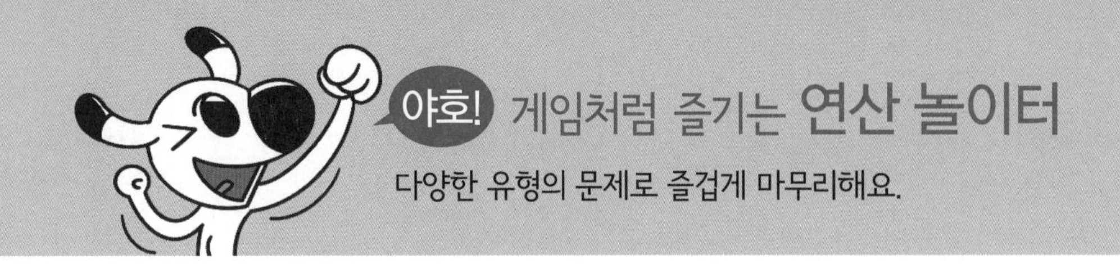

소수를 바르게 읽은 쪽을 따라 길을 찾아가 보세요.

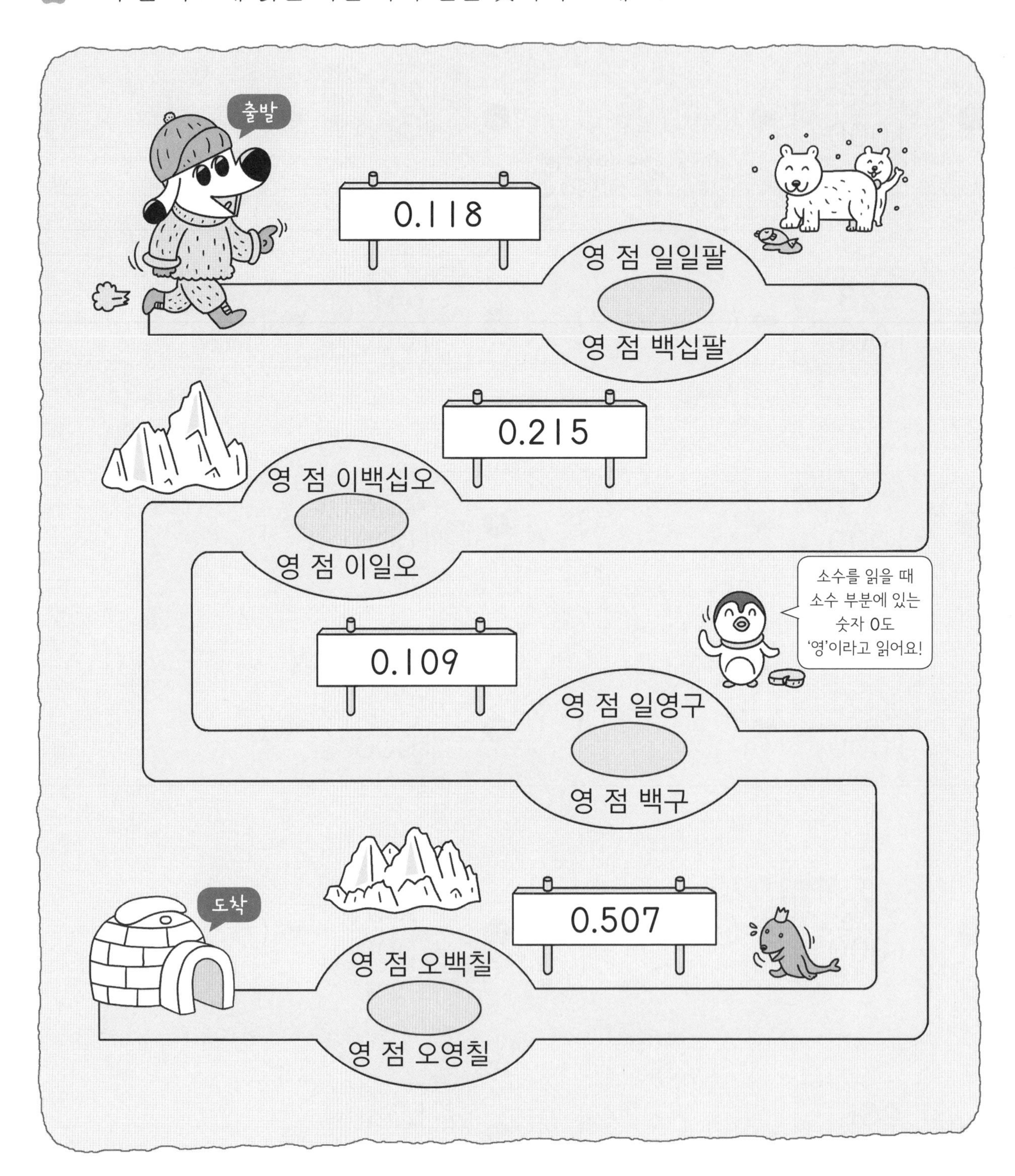

1보다 큰 소수 세 자리 수

1보다 큰 소수 세 자리 수를 알 수 있어

✪ 수직선에서 소수 세 자리 수 알아보기

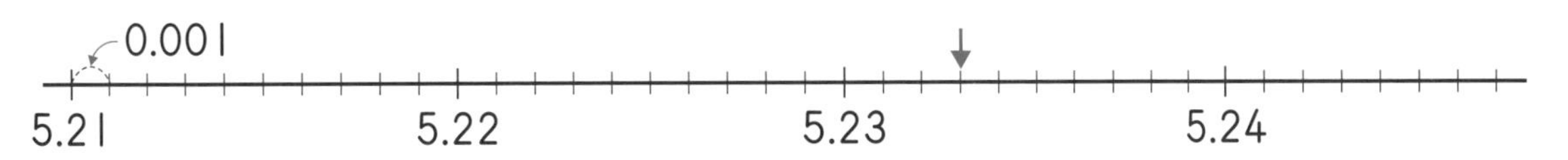

수직선에서 화살표가 가리키는 부분은 5.23에서 3칸 더 간 [5.233]입니다.

5.233은 [오 점 이삼삼]이라고 읽습니다.

✪ 1보다 큰 분수를 소수로 나타내기

• $1\frac{521}{1000}=1+\frac{521}{1000}$ (0.521)

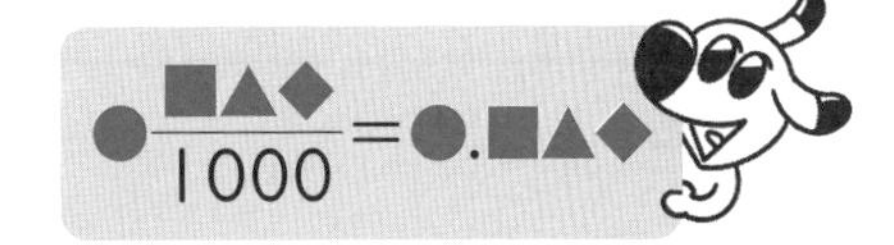

➡ 1과 0.521이므로 1.521로 나타낼 수 있습니다.

일의 자리	.	소수 첫째 자리	소수 둘째 자리	소수 셋째 자리
일 1	점 .	오 5	이 2	일 1
↓ 1		↓ 0.5	↓ 0.02	↓ 0.001

1.521은 1보다 0.521 큰 수

0.001이 1000개 + 0.001이 521개 = 0.001이 1521개

• 1.521은 '일 점 오이일'이라고 읽습니다.

수직선에서 0.01을 10칸으로 똑같이 나눈 것 중의 한 칸은 0.001이에요.

주어진 소수를 수직선에 ↑로 나타내어 보세요.

❶ 3.224

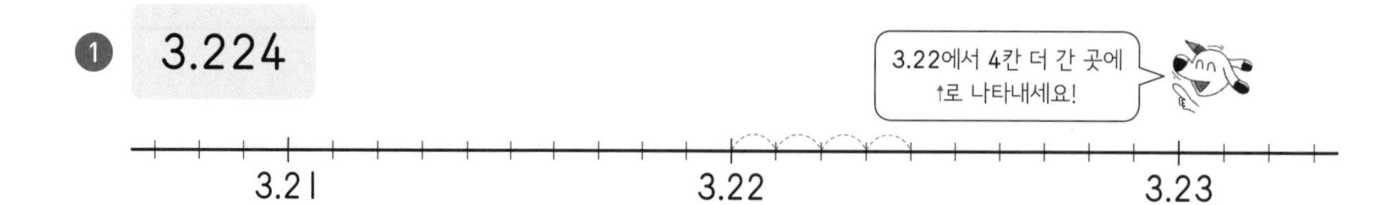

❷ 5.458

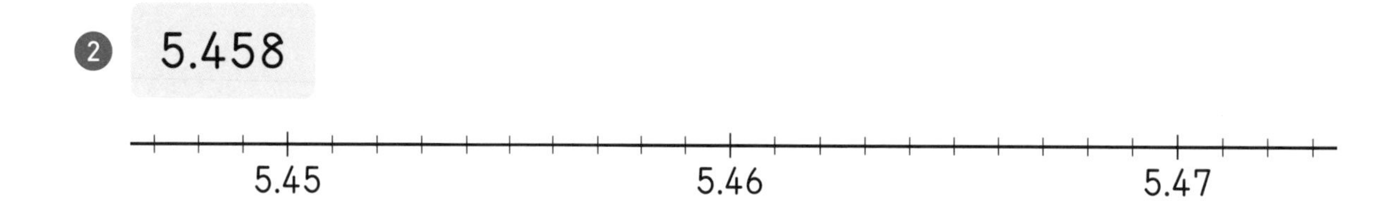

❸ 1.272

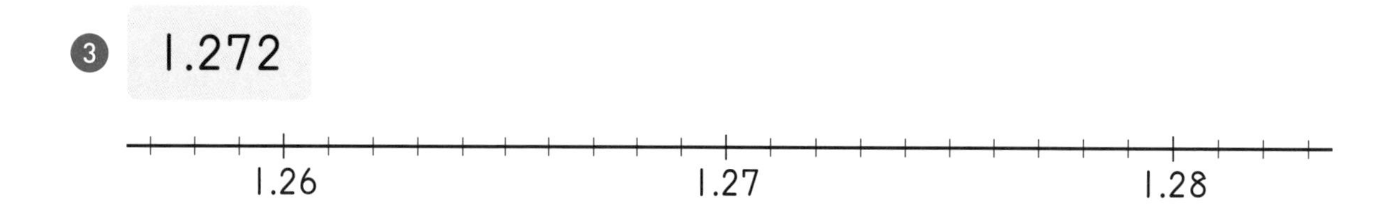

❹ 3.983

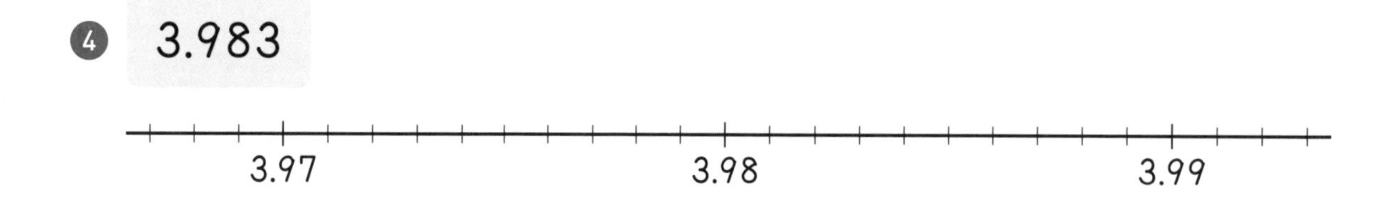

❺ 6.217

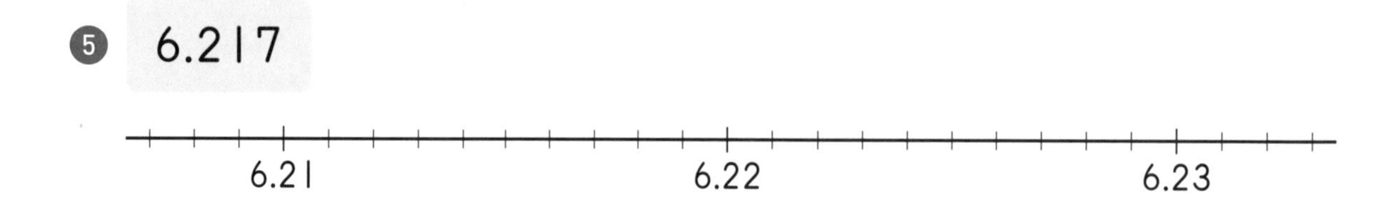

❻ 5.126

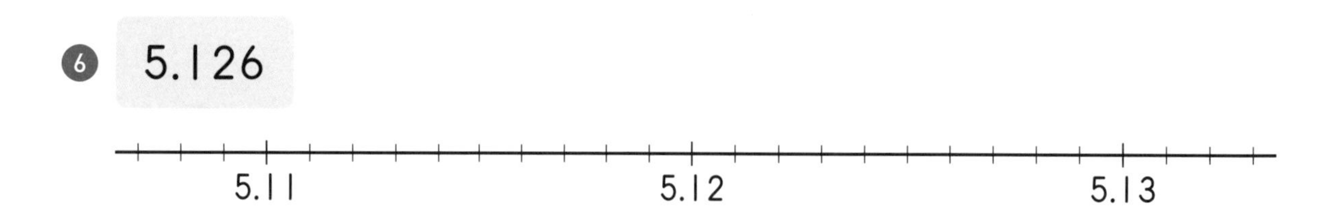

분수를 소수로 나타내세요.

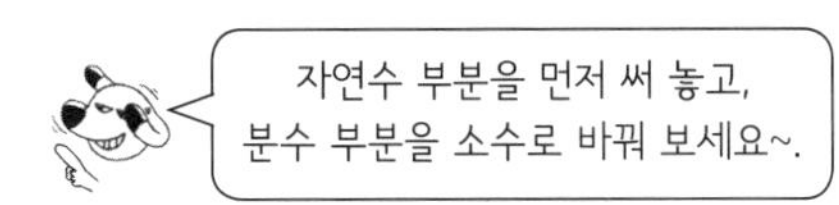

❶ $2\frac{136}{1000}$ ➡ (2.136)

자연수 부분이 그대로 와요.

❷ $5\frac{201}{1000}$ ➡ (5.201)

❸ $7\frac{513}{1000}$ ➡ ( )

❹ $4\frac{672}{1000}$ ➡ ( )

❺ $8\frac{171}{1000}$ ➡ ( )

❻ $9\frac{103}{1000}$ ➡ ( )

❼ $\frac{1984}{1000}$ ➡ (1.984)

0이 3개

소수점 뒤에 숫자 3개

❽ $\frac{2381}{1000}$ ➡ ( )

❾ $\frac{2954}{1000}$ ➡ ( )

❿ $\frac{3651}{1000}$ ➡ ( )

⓫ $\frac{2043}{1000}$ ➡ ( )

⓬ $\frac{4208}{1000}$ ➡ ( )

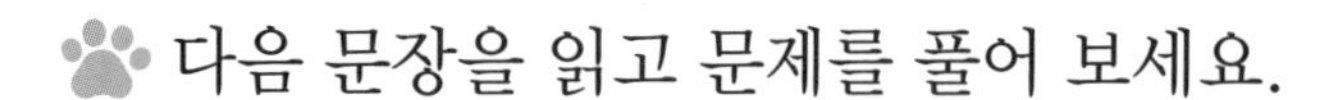

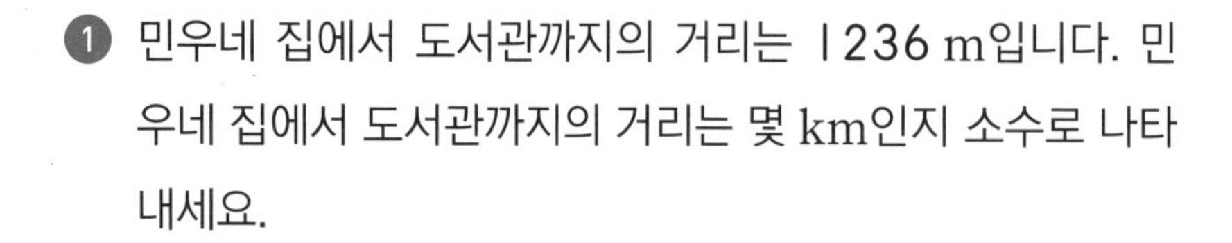

다음 문장을 읽고 문제를 풀어 보세요.

① 민우네 집에서 도서관까지의 거리는 1236 m입니다. 민우네 집에서 도서관까지의 거리는 몇 km인지 소수로 나타내세요.

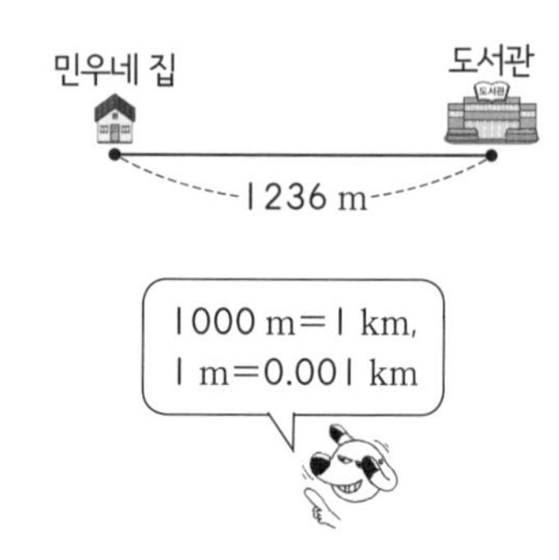

____

② 지선이네 집에서 학교까지의 거리는 1562 m입니다. 지선이네 집에서 학교까지의 거리는 몇 km인지 소수로 나타내세요.

____

③ 물통에 물이 2318 mL 들어 있습니다. 물통에 들어 있는 물은 몇 L인지 소수로 나타내세요.

____

④ 어머니는 정육점에서 돼지고기를 1125 g 사 오셨습니다. 어머니가 사 오신 돼지고기는 몇 kg인지 소수로 나타내세요.

____

소수에서 각 자리의 숫자가 나타내는 수

소수는 자리에 따라 나타내는 수가 달라

✪ 소수에서 각 자리의 숫자가 나타내는 수 알아보기

소수 2.895에서 2는 일의 자리 숫자이고 [2]를,

8은 소수 첫째 자리 숫자이고 [0.8]을,

9는 소수 둘째 자리 숫자이고 [0.09]를,

5는 소수 셋째 자리 숫자이고 [0.005]를 나타냅니다.

소수	각 자리의 숫자가 나타내는 수				
	일의 자리		소수 첫째 자리	소수 둘째 자리	소수 셋째 자리
2.895	2	.			
	0	.	8		
	0	.	0	9	
	0	.	0	0	5

2.895는
1이 2개, 0.1이 8개, 0.01이 9개,
0.001이 5개인 수예요~.

2.895는
'이∨점∨팔구오'라고
읽어요!

• ■, ▲, ●, ◆가 각각 한 자리 수일 때 1이 ■개, 0.1이 ▲개, 0.01이 ●개, 0.001이 ◆개인 수

1이 ■개 → ■
0.1이 ▲개 → 0.▲
0.01이 ●개 → 0.0●
0.001이 ◆개 → 0.00◆

→ ■.▲●◆입니다.

소수는 각 자리에 따라 나타내는 수가 각각 달라요.
2.22 ➡ 소수 첫째 자리: 2, 나타내는 수: 0.2
소수 둘째 자리: 2, 나타내는 수: 0.02

각 자리의 숫자가 나타내는 수를 써넣으세요.

❶ 4.44

일의 자리	소수 첫째 자리	소수 둘째 자리
4	0.4	0.04

❷ 6.66

일의 자리	소수 첫째 자리	소수 둘째 자리

같은 숫자라도 어느 자리에 있느냐에 따라 나타내는 수가 달라져요.

❸ 2.96

일의 자리	소수 첫째 자리	소수 둘째 자리

❹ 4.23

일의 자리	소수 첫째 자리	소수 둘째 자리

❺ 3.258

일의 자리	소수 첫째 자리	소수 둘째 자리	소수 셋째 자리

❻ 8.129

일의 자리	소수 첫째 자리	소수 둘째 자리	소수 셋째 자리

❼ 6.431

일의 자리	소수 첫째 자리	소수 둘째 자리	소수 셋째 자리

❽ 9.512

일의 자리	소수 첫째 자리	소수 둘째 자리	소수 셋째 자리

0.01이 ■▲개인 수 ➡ 0.■▲
0.001이 ■▲●개인 수 ➡ 0.■▲●

빈칸에 알맞은 수를 써넣으세요.

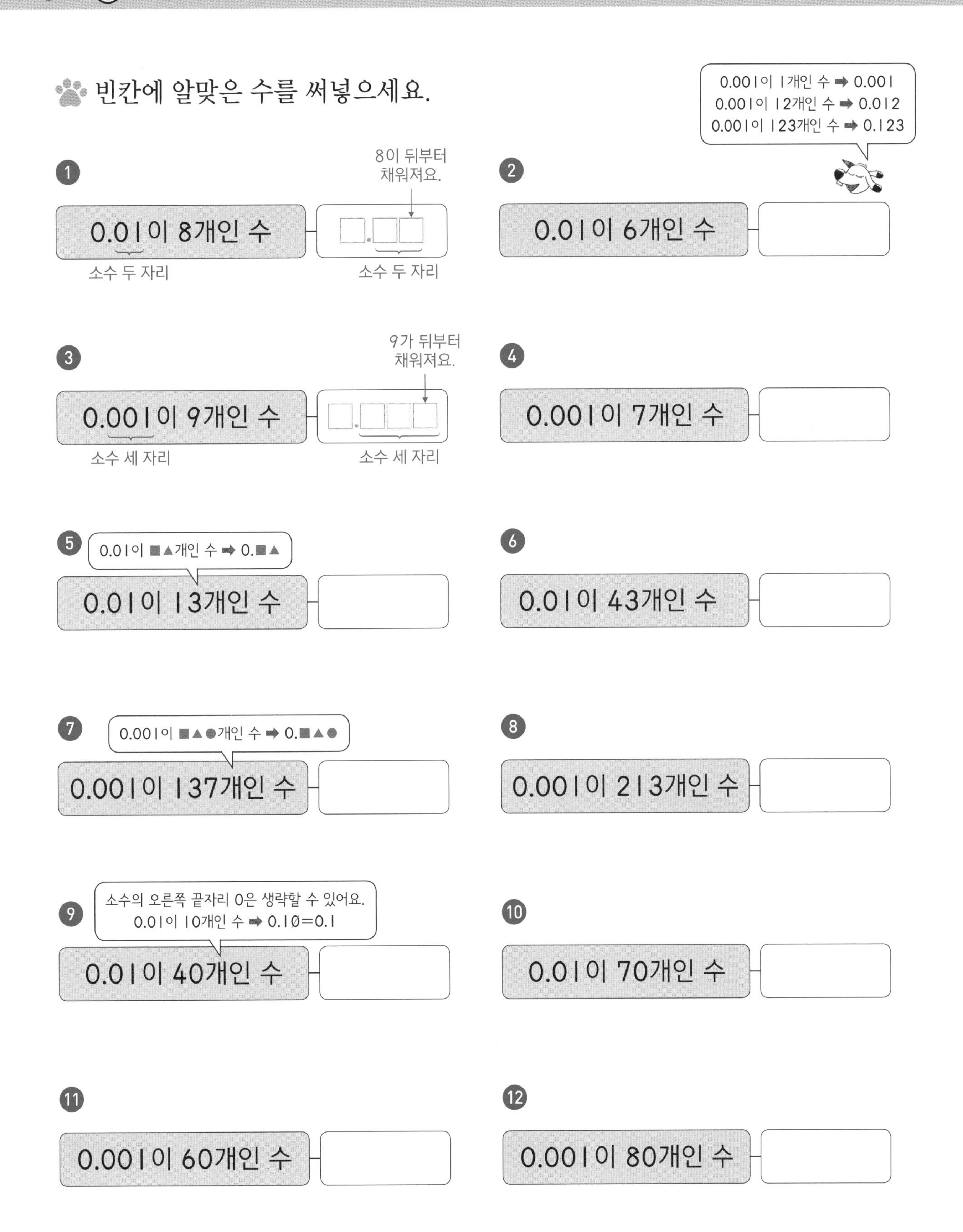

1이 ■개, 0.1이 ▲개, 0.01이 ●개, 0.001이 ◆개인 수 ➡ ■.▲●◆

설명하는 소수를 쓰세요.

❶ 0.1이 3개,
0.01이 5개인 수

➡ (　　　　　　　　)

❷ 0.1이 6개,
0.01이 7개인 수

➡ (　　　　　　　　)

❸ 1이 2개, 0.1이 5개,
0.01이 7개인 수

➡ (　　　　　　　　)

0.1인 수가 없으면
소수 첫째 자리 숫자가
0이라는 뜻이에요~

❹ 1이 8개,
0.01이 6개인 수

➡ (　　　　　　　　)

❺ 0.1이 5개, 0.01이 2개,
0.001이 4개인 수

➡ (　　　　　　　　)

❻ 0.1이 2개, 0.01이 3개,
0.001이 5개인 수

➡ (　　　　　　　　)

❼ 1이 9개, 0.1이 3개, 0.01이 4개,
0.001이 5개인 수

➡ (　　　　　　　　)

❽ 1이 4개, 0.1이 6개,
0.001이 13개인 수

➡ (　　　　　　　　)

■ 큰 수와 ■ 작은 수를 살펴보려면 어느 자리의 수가 바뀔지 밑줄을 치고 생각해 보아요!

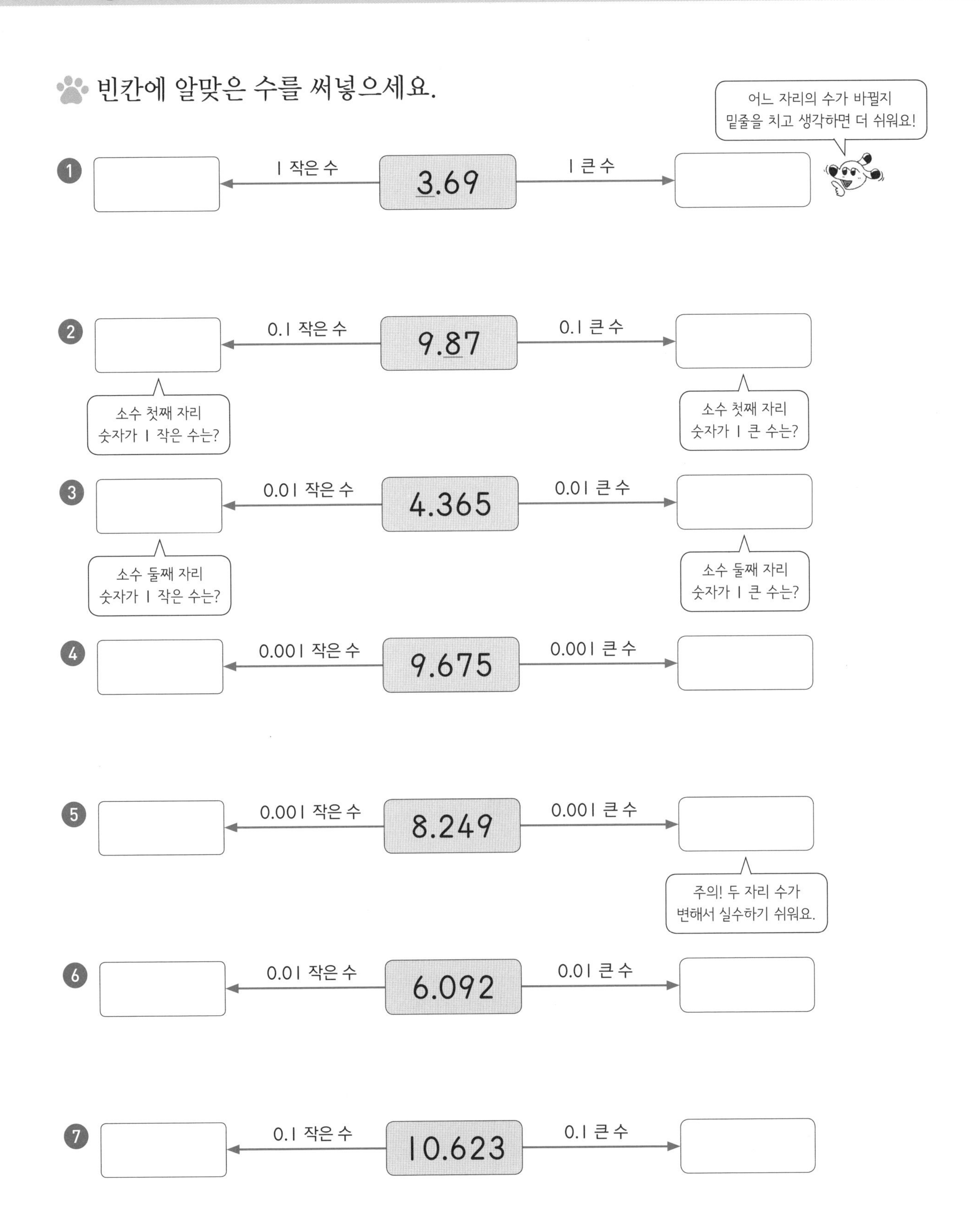

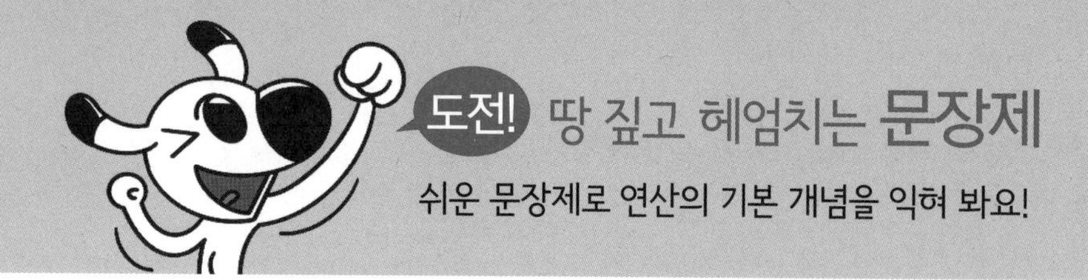

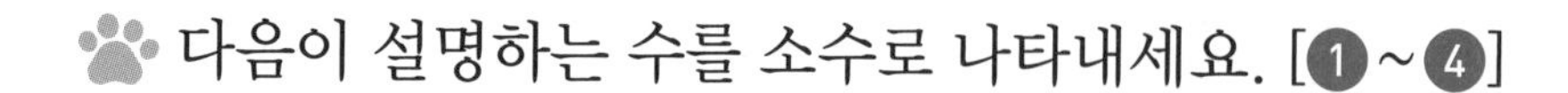

다음이 설명하는 수를 소수로 나타내세요. [1~4]

1

1이 3개
0.1이 4개
0.01이 2개
인 수입니다.

______

2

1이 10개
0.1이 5개
0.01이 3개
0.001이 6개
인 수입니다.

______

3

- 1보다 작은 소수 두 자리 수입니다.
- 소수 첫째 자리 숫자는 9입니다.
- 소수 둘째 자리 숫자는 6입니다.

______

1보다 작은 소수 두 자리 수
→ 0.■▲

4

- 1보다 크고 2보다 작은 소수 세 자리 수입니다.
- 소수 첫째 자리 숫자는 8입니다.
- 소수 둘째 자리 숫자는 2입니다.
- 소수 셋째 자리 숫자는 5입니다.

______

소수의 크기 비교하기

08 소수의 크기 비교는 높은 자리부터 차례대로!

✪ 소수의 크기 비교

소수의 높은 자리부터 차례로 비교하여 높은 자리의 수가 더 큰 쪽이 큰 수입니다.

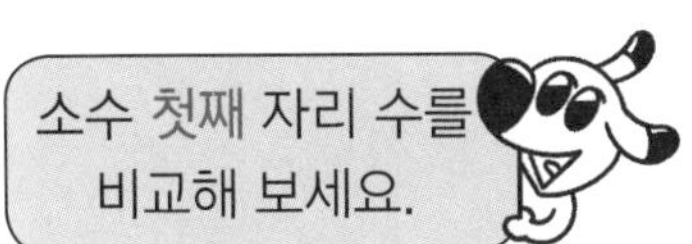

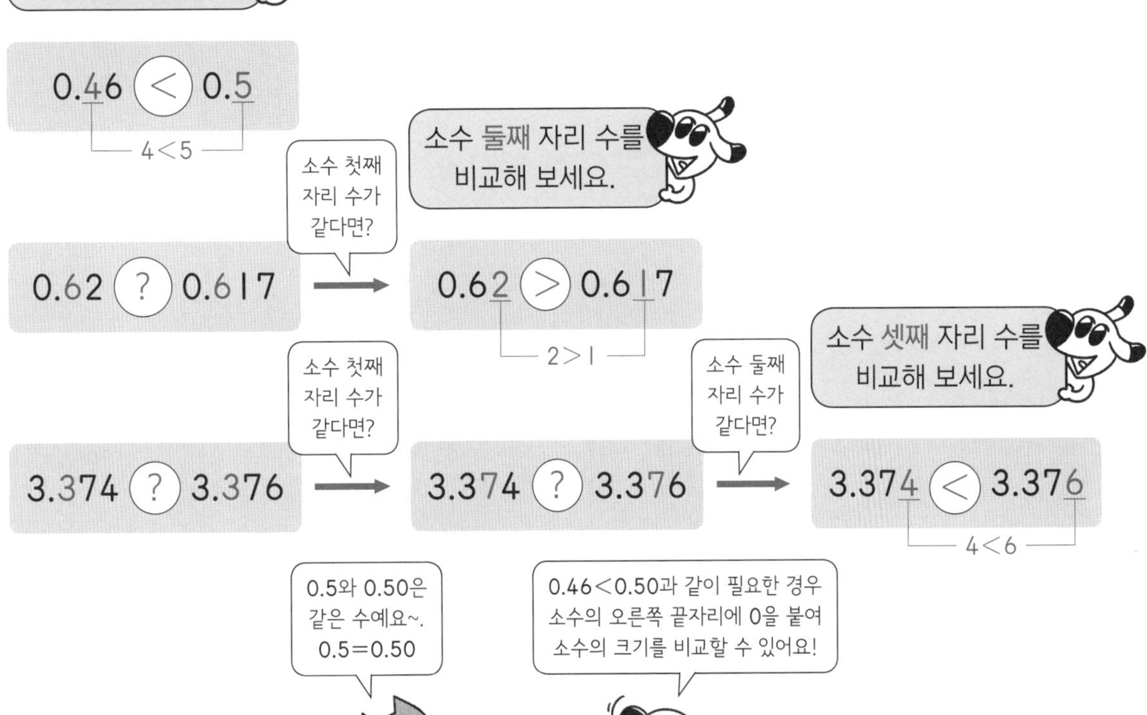

- 다음과 같은 오류가 생기지 않도록 주의해요!

0.67은 0.01이 67개인 수이고
0.7은 0.01이 70개인 수예요.
따라서 67<70이므로
0.67<0.7!

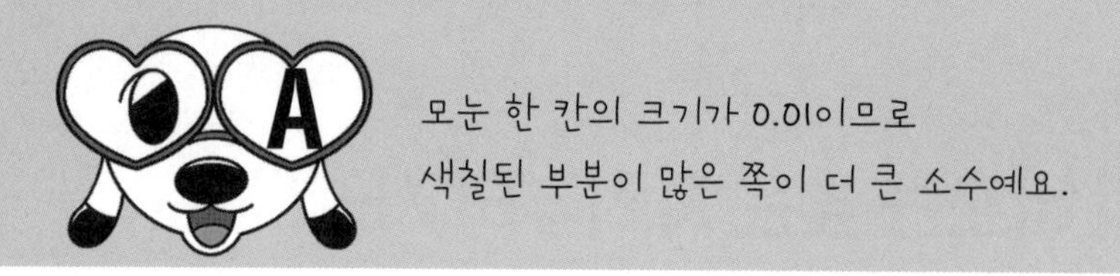

그림을 보고 ○ 안에 >, =, <를 알맞게 써넣으세요.

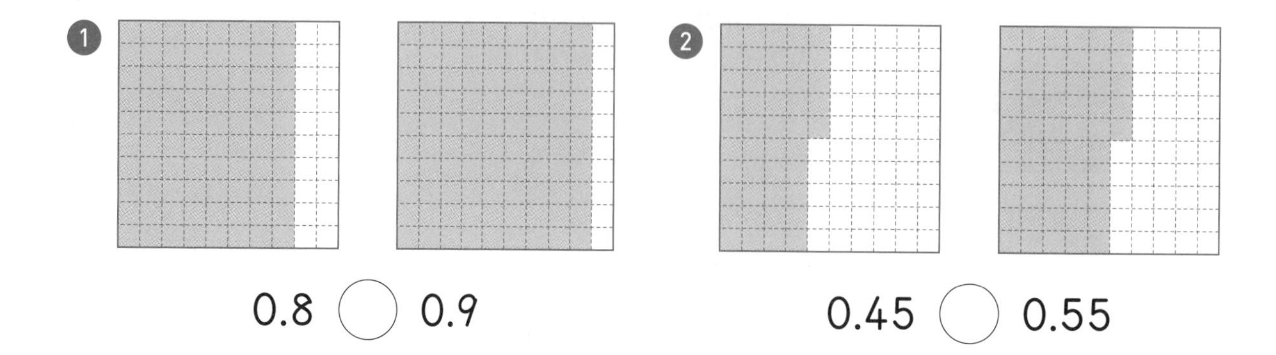

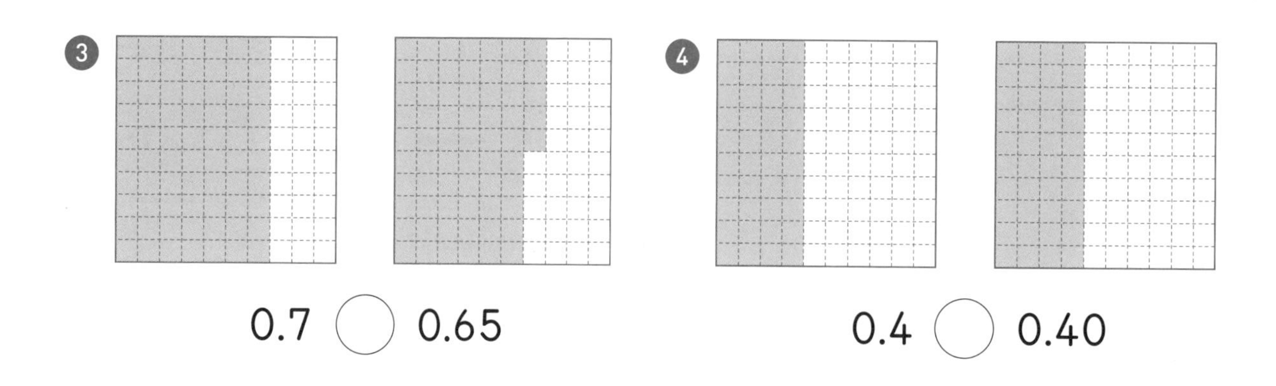

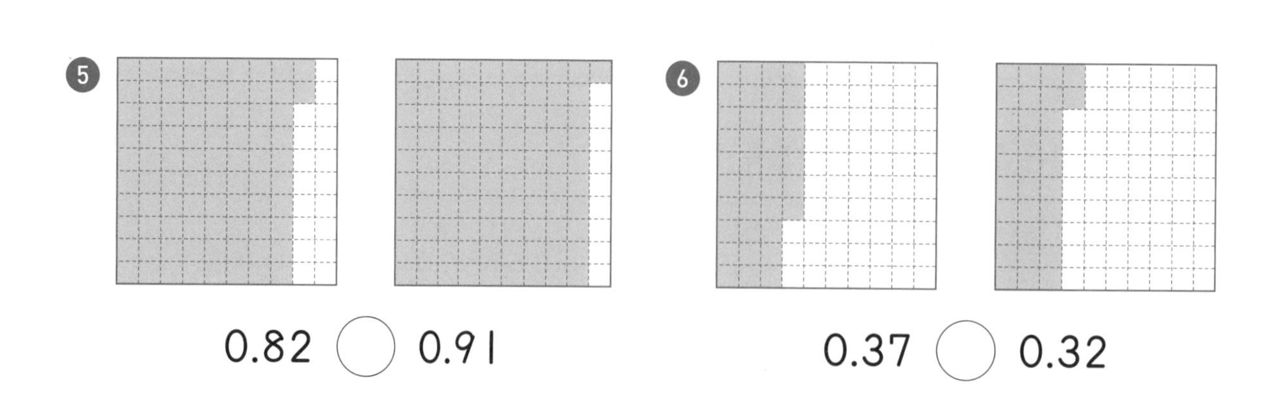

수직선에서는 오른쪽에 있는 수가 더 큰 수예요.

수직선에 두 소수를 각각 ↓로 나타내고 크기를 비교해 보세요.

❶

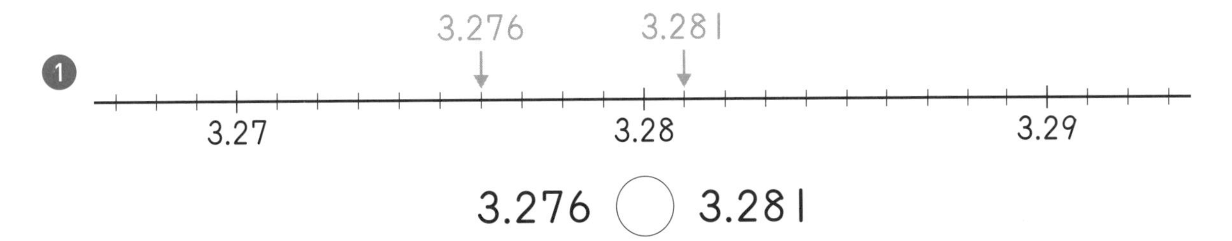

3.276 ◯ 3.281

❷

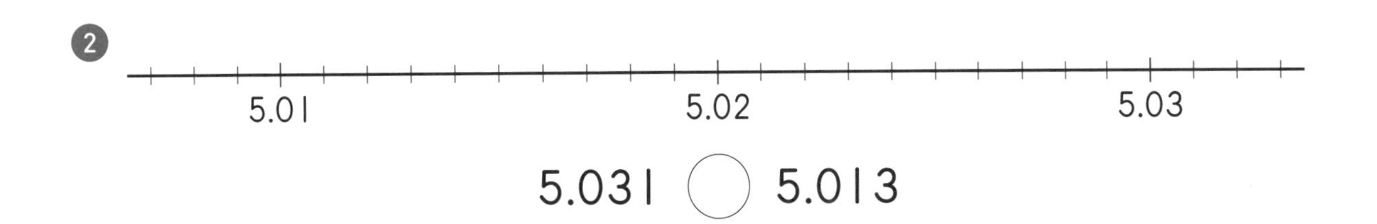

5.031 ◯ 5.013

❸

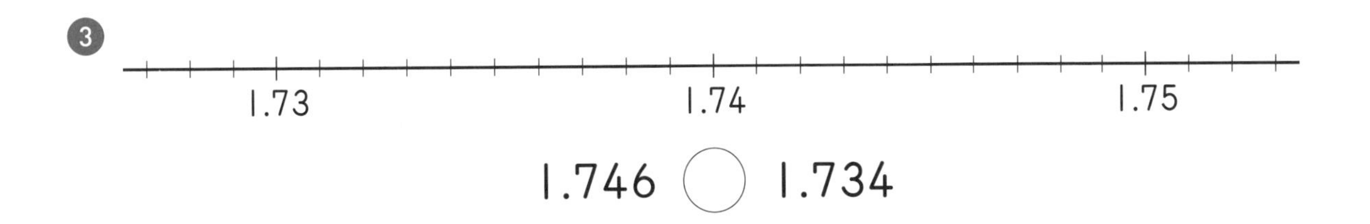

1.746 ◯ 1.734

❹

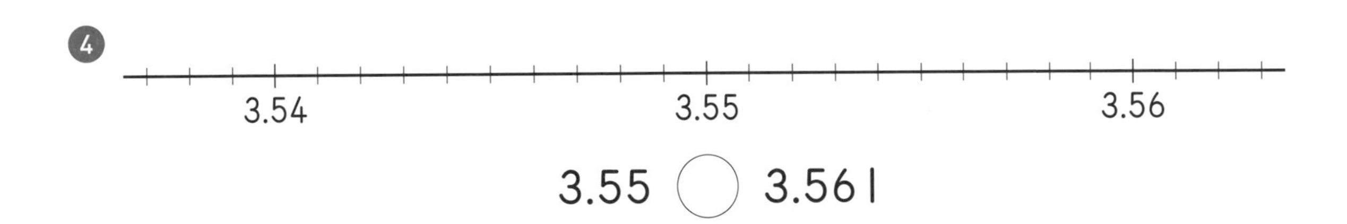

3.55 ◯ 3.561

❺

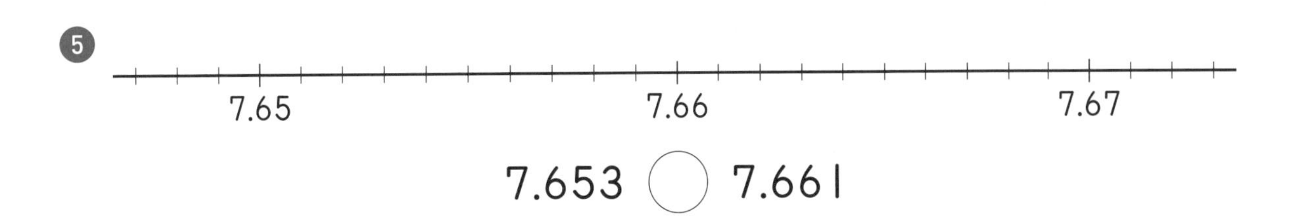

7.653 ◯ 7.661

높은 자리부터 차례로 비교해 보세요!

두 수의 크기를 비교하여 ○ 안에 >, =, <를 알맞게 써넣으세요.

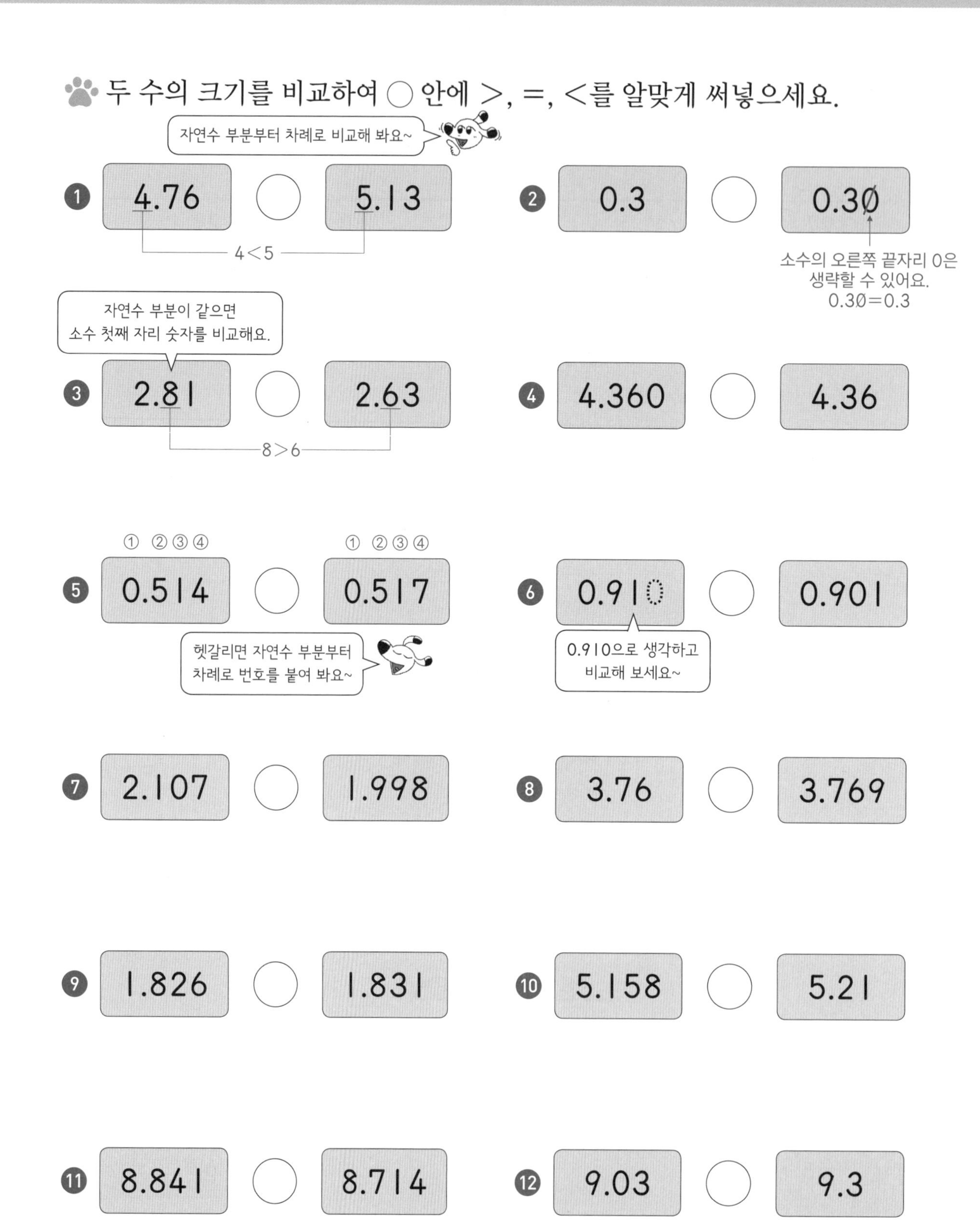

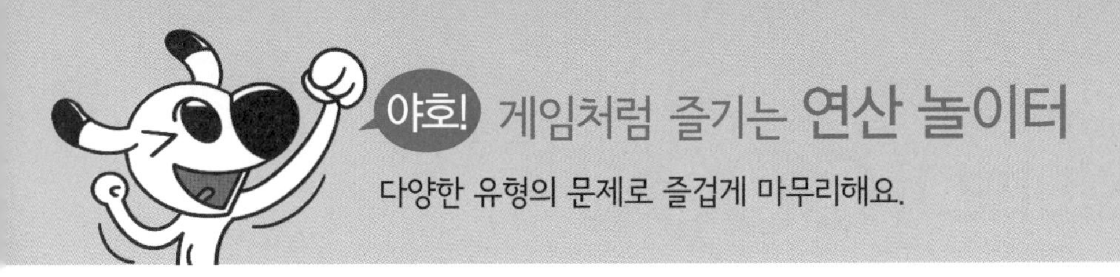

세 개의 문 중에서 가장 큰 수가 쓰여진 문을 열면 보물을 찾을 수 있습니다. 보물을 숨겨 둔 문에 ○표 하세요.

❶

❷

❸

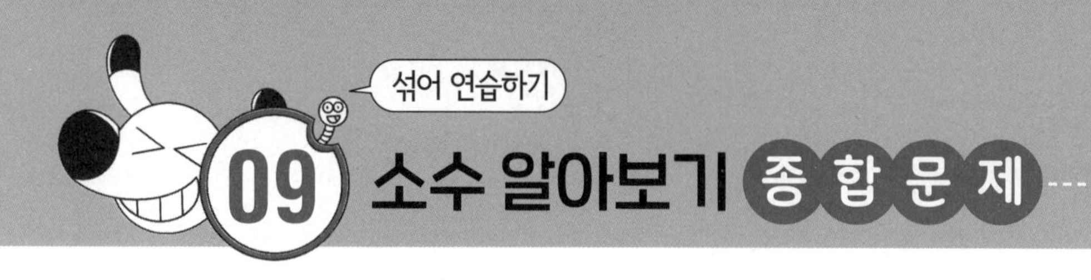

🐾 분수를 소수로 나타내어 보세요.

❶ $\frac{1}{10}$ ➡ (0.1)
0이 1개 / 소수점 뒤에 숫자 1개

❷ $\frac{34}{10}$ ➡ (   )

❸ $\frac{1}{100}$ ➡ (   )

❹ $\frac{41}{100}$ ➡ (   )

❺ $\frac{1}{1000}$ ➡ (   )

❻ $\frac{67}{1000}$ ➡ (   )

❼ $2\frac{3}{10}$ ➡ (2.3)
자연수 부분이 그대로 와요.

❽ $5\frac{1}{10}$ ➡ (5.1)

자연수 부분을 먼저 써 놓고,
분수 부분을 소수로 바꿔 보세요~.

❾ $11\frac{13}{100}$ ➡ (   )

❿ $4\frac{3}{100}$ ➡ (   )

분모의 0의 수만큼 소수점 뒤에
숫자가 있다고 생각하면 쉬워요.

⓫ $7\frac{29}{1000}$ ➡ (   )

⓬ $5\frac{901}{1000}$ ➡ (   )

각 자리의 숫자가 나타내는 수를 써넣으세요.

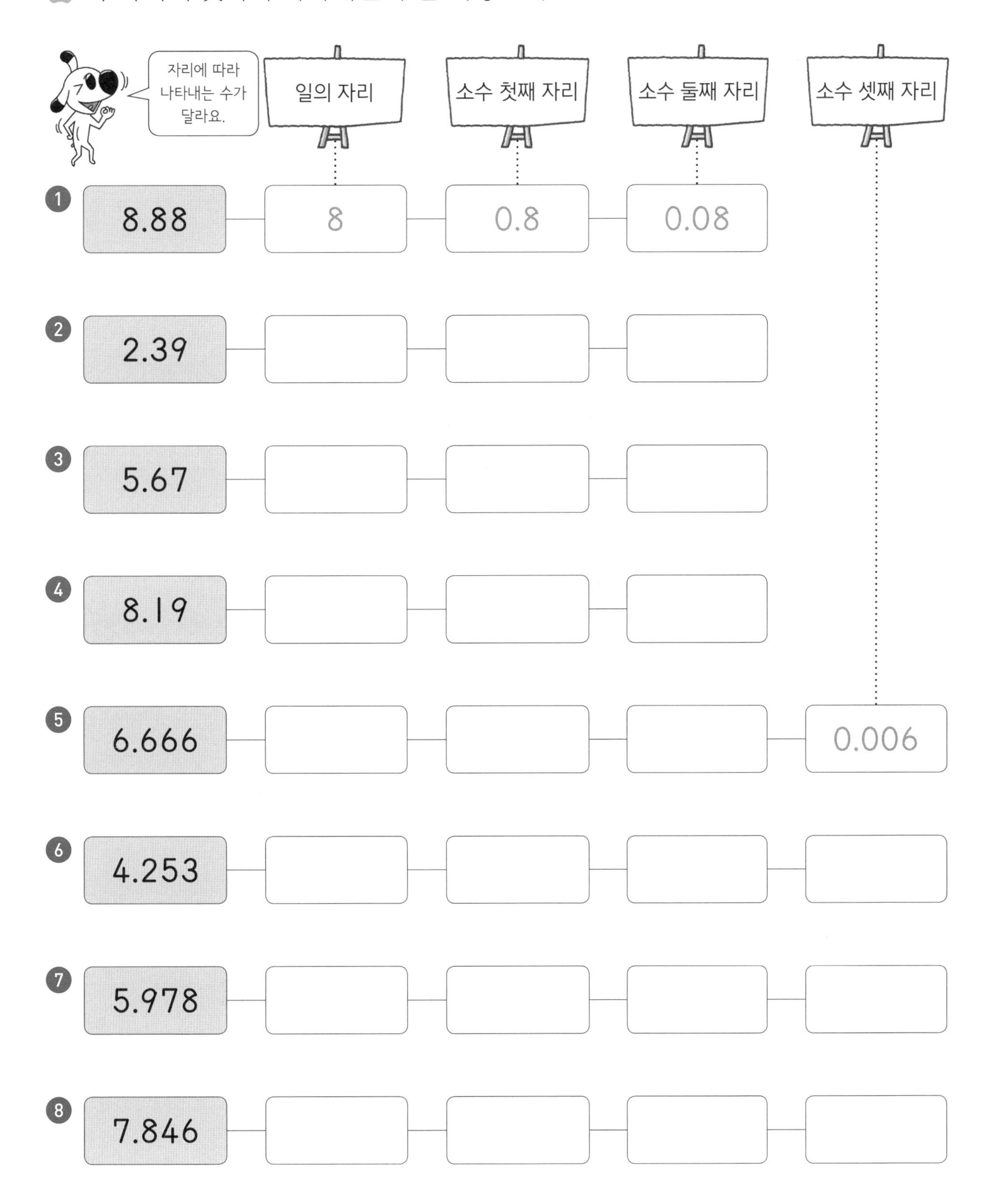

다음이 나타내는 수를 쓰고 읽어 보세요.

❶ 0.1이 5개, 0.01이 9개인 수

쓰기 0.59

읽기 영 점 오구

❷ 0.1이 1개, 0.01이 7개, 0.001이 3개인 수

쓰기

읽기

❸ 1이 6개, 0.1이 9개, 0.01이 3개인 수

쓰기

읽기

❹ 1이 3개, 0.1이 6개, 0.01이 7개, 0.001이 1개인 수

쓰기

읽기

0.1인 수가 없으면 소수 첫째 자리 숫자가 0이라는 뜻이에요~.

주의! 소수 첫째 자리, 소수 둘째 자리에 0을 써야 해요.

❺ 1이 8개, 0.01이 3개인 수

쓰기

읽기

❻ 1이 4개, 0.001이 7개인 수

쓰기

읽기

❼ 1이 5개, 0.01이 41개인 수

쓰기

읽기

❽ 0.01이 3개, 0.001이 6개인 수

쓰기

읽기

낚싯줄로 값이 같은 것끼리 이으려고 합니다. 알맞게 선으로 이어 보세요.

빠독이와 뻐냥이가 터뜨리려는 풍선을 찾아 ×표 하세요.

①

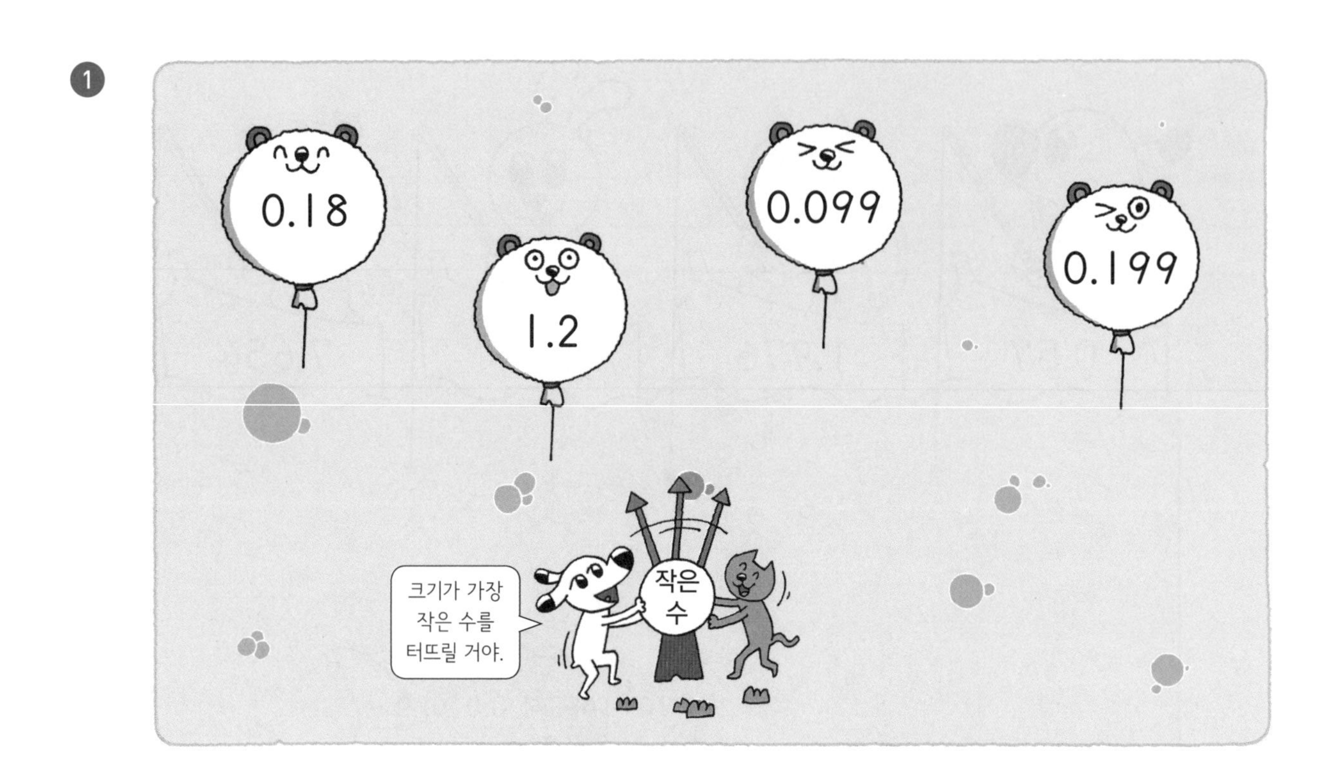

②

둘째 마당

소수 사이의 관계

1, 0.1, 0.01, 0.001 사이의 관계를 이해하면 소수 사이의 관계를 쉽게 이해할 수 있어요! 소수를 10배, 100배, 1000배 하면 수가 점점 커지고, 소수의 $\frac{1}{10}$, $\frac{1}{100}$, $\frac{1}{1000}$을 하면 수가 점점 작아진다는 성질만 잘 기억하면 소수 사이의 관계를 묻는 문제도 잘 풀 수 있을 거예요. 이번 마당을 통해 소수 사이의 관계를 정확하게 이해하도록 연습해 봐요.

공부할 내용!	완료	10일 진도	20일 진도
10 소수를 10배, 100배, 1000배 하면 수가 점점 커져	□	5일 차	8일 차
11 소수의 $\frac{1}{10}$, $\frac{1}{100}$, $\frac{1}{1000}$은 수가 점점 작아져	□		9일 차
12 소수점의 왼쪽은 $\frac{1}{10}$, 오른쪽은 10배	□	6일 차	10일 차
13 소수 사이의 관계 종합 문제	□		11일 차

바빠 소수 훈련 10

소수 사이의 관계 (1) - 소수에 10, 100, 1000을 곱했을 때의 변화 알기

소수를 10배, 100배, 1000배 하면 수가 점점 커져

소수를 10배 하기

소수를 10배 하면 소수점을 기준으로 수가 왼쪽으로 한 자리씩 이동합니다.

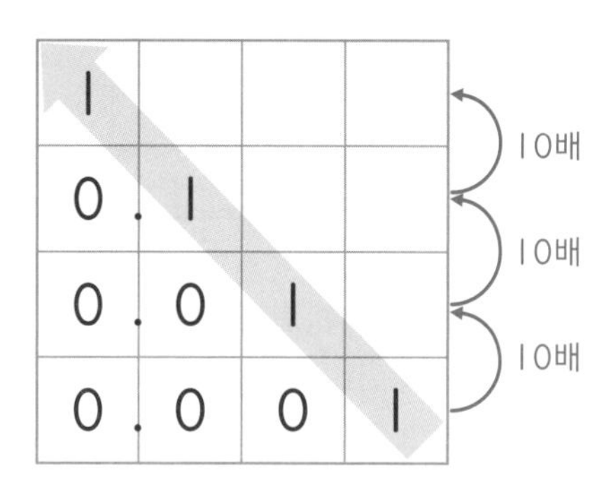

소수를 10배, 100배, 1000배 하기

소수를 10배, 100배, 1000배 하면 0의 수만큼 소수점을 기준으로 수가 왼쪽으로 한 자리씩 이동합니다.

1.234의 10배 ➡ 12.34

0이 1개: 소수점을 기준으로 수가 왼쪽으로 한 번

1.234의 100배 ➡ 123.4

0이 2개: 소수점을 기준으로 수가 왼쪽으로 두 번

1.234의 1000배 ➡ 1234

0이 3개: 소수점을 기준으로 수가 왼쪽으로 세 번

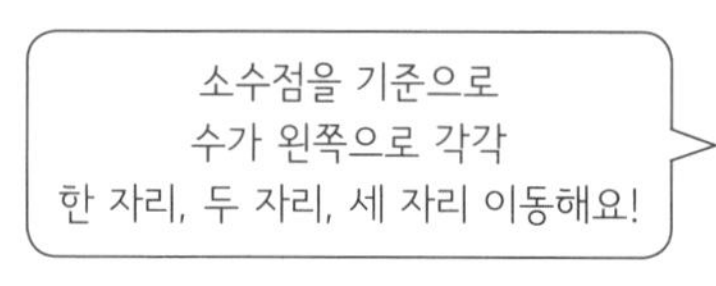

• 소수점을 이동하기

소수점을 기준으로 수를 왼쪽으로 옮기는 방법 외에 0의 수만큼 소수점을 직접 오른쪽으로 옮긴다고 생각하면 이해가 조금 더 쉬워요!

■.▲● —10배→ ■▲.●

■.▲● —100배→ ■▲●.

■.▲● —1000배→ ■▲●0.

소수점을
오른쪽으로 이동하고
빈자리는 0으로 채워요!

소수를 10배 하면 소수점을 기준으로
수가 왼쪽으로 한 자리씩 이동해요.

소수점을 기준으로 수를
이동시켜 보아요.

빈칸에 알맞은 수를 써넣으세요.

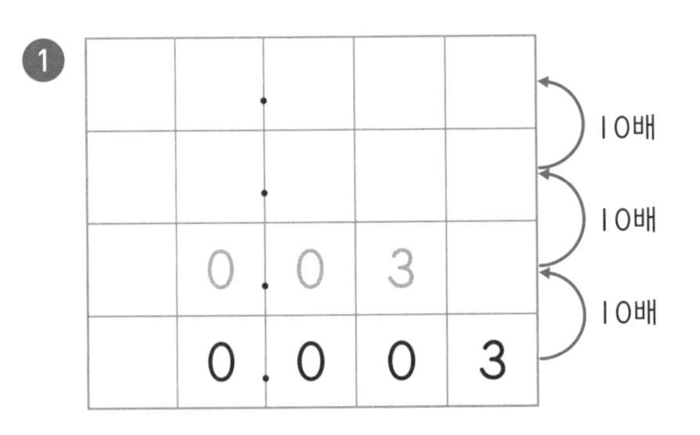

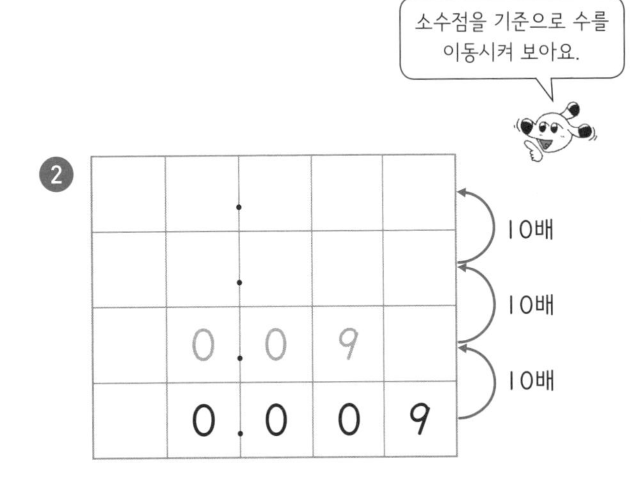

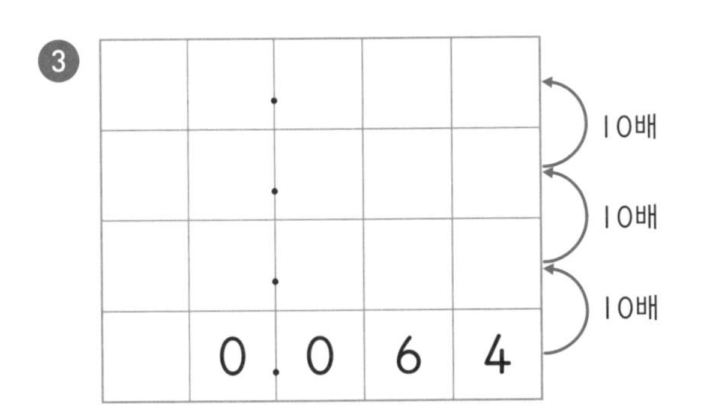

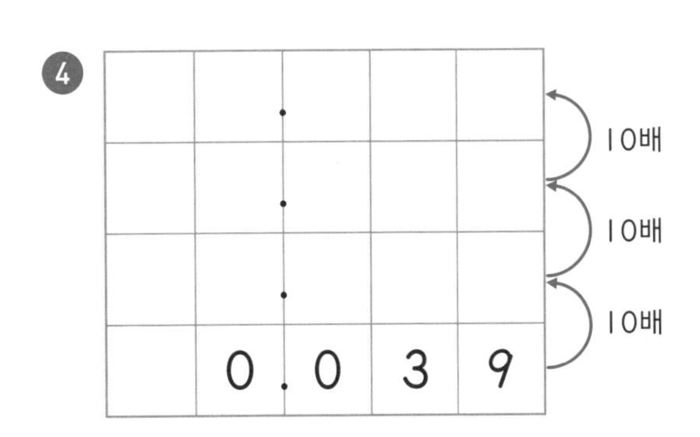

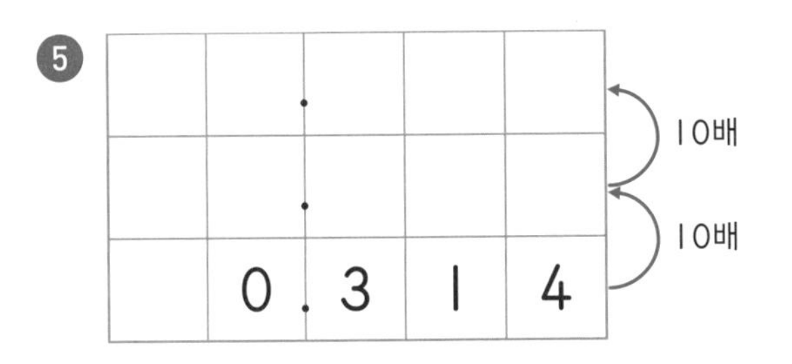

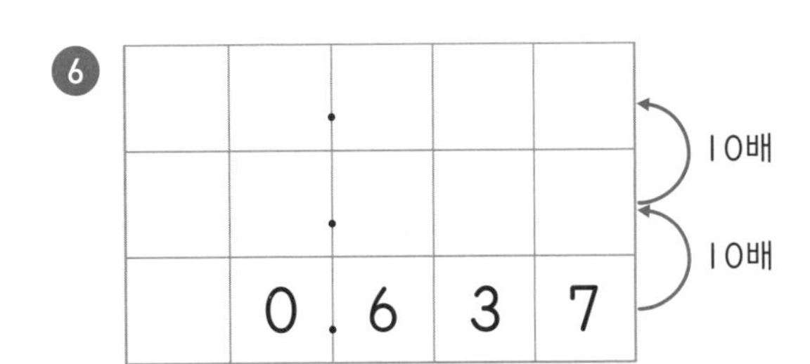

소수에 10배, 100배, 1000배 한 값은 곱하는 수의
0의 수만큼 소수점을 오른쪽으로 이동한 값과 같아요.

빈칸에 알맞은 수를 써넣으세요.

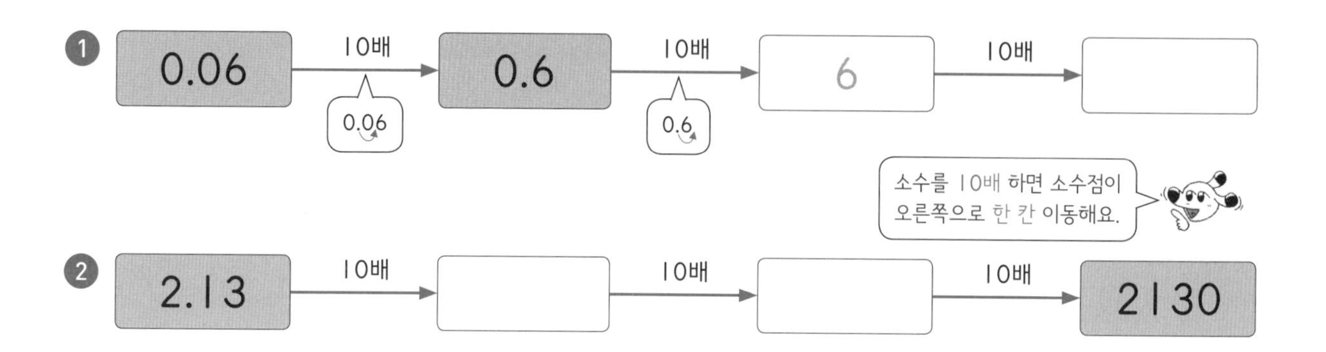

2 2.13 —10배→ ☐ —10배→ ☐ —10배→ 2130

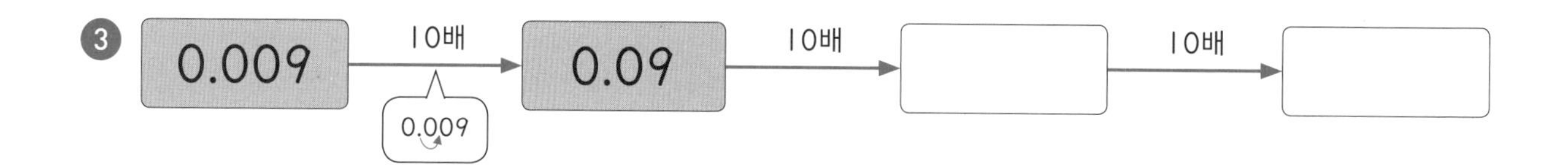

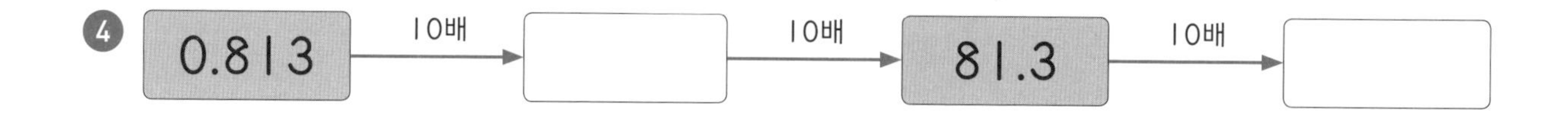

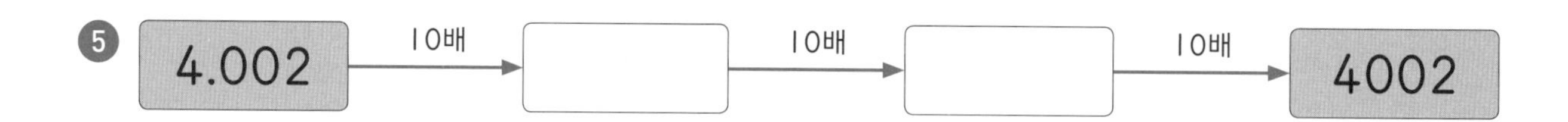

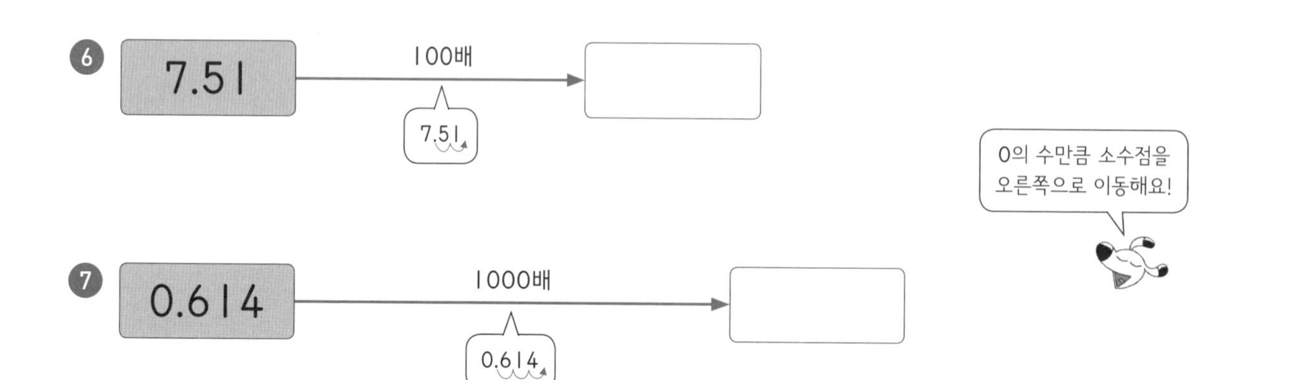

소수를 10배 하면 소수점이 오른쪽으로 한 칸 이동해요.

빈칸에 알맞은 수를 써넣으세요.

1

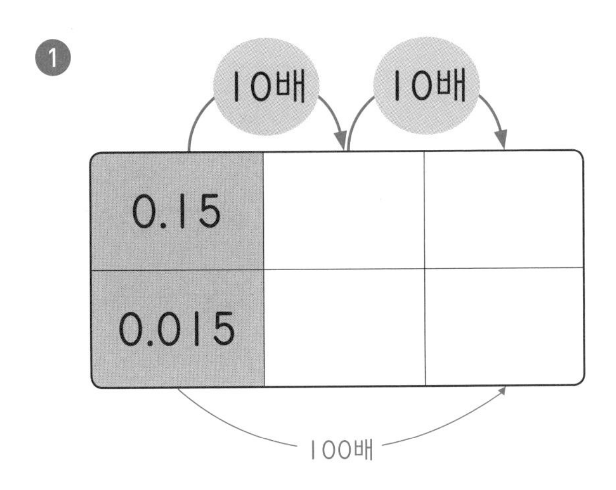

2

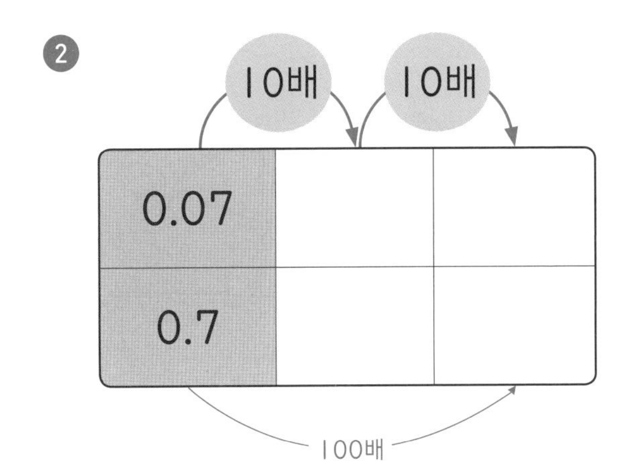

3

10배 10배

2.08		
0.208		

4

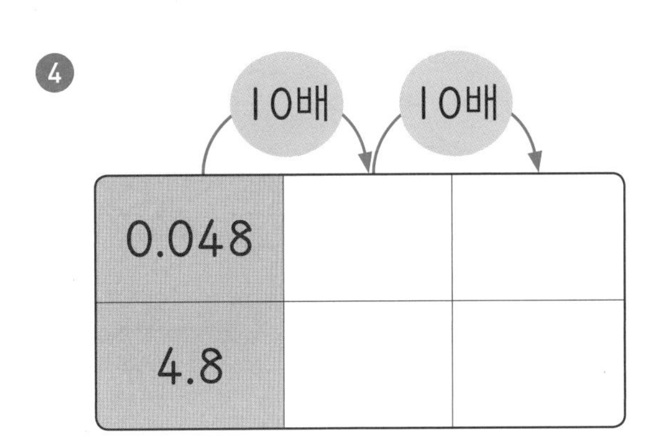

5

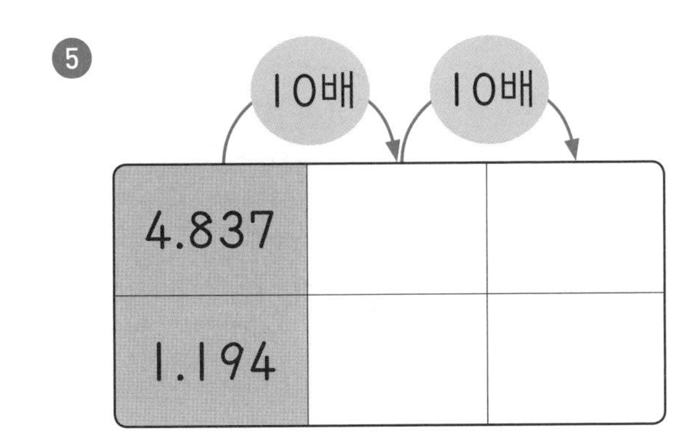

6

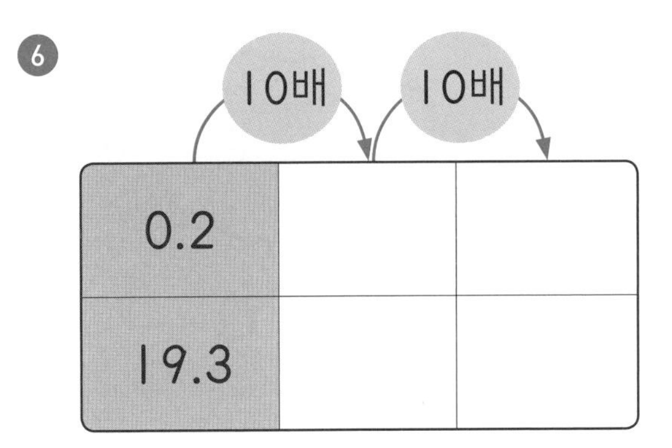

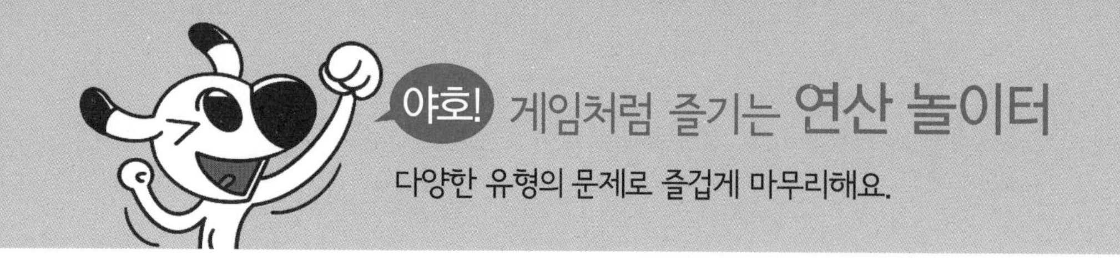

토끼가 뛰어가고 있습니다. 빈 곳에 알맞은 수를 써넣으세요.

1

2

3

소수 사이의 관계 (2) - 소수의 $\frac{1}{10}$, $\frac{1}{100}$, $\frac{1}{1000}$의 변화 알기

소수의 $\frac{1}{10}$, $\frac{1}{100}$, $\frac{1}{1000}$은 수가 점점 작아져

✪ 소수의 $\frac{1}{10}$ 하기

소수의 $\frac{1}{10}$을 하면 소수점을 기준으로 수가 오른쪽으로 한 자리씩 이동합니다.

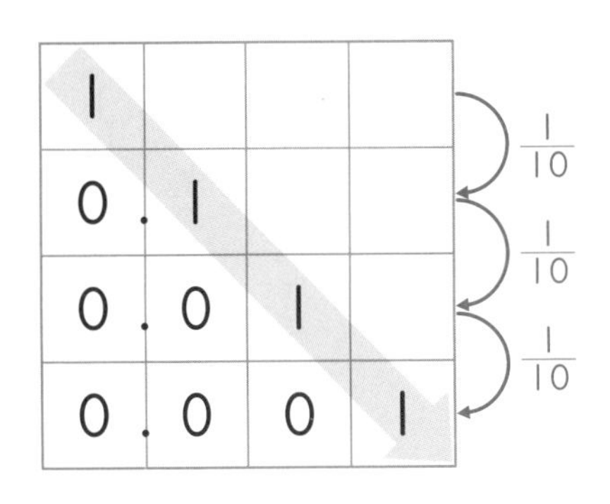

✪ 소수의 $\frac{1}{10}$, $\frac{1}{100}$, $\frac{1}{1000}$ 하기

소수의 $\frac{1}{10}$, $\frac{1}{100}$, $\frac{1}{1000}$을 하면 분모의 0의 수만큼 소수점을 기준으로 수가 오른쪽으로 한 자리씩 이동합니다.

12의 $\frac{1}{10}$ ➡ 1.2
0이 1개: 소수점을 기준으로 수가 오른쪽으로 한 번

12의 $\frac{1}{100}$ ➡ 0.12
0이 2개: 소수점을 기준으로 수가 오른쪽으로 두 번

12의 $\frac{1}{1000}$ ➡ 0.012
0이 3개: 소수점을 기준으로 수가 오른쪽으로 세 번

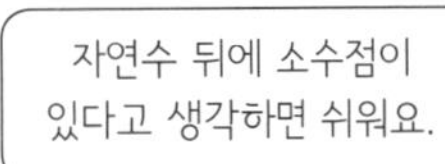

바빠 꿀팁!

• **소수점을 이동하기**

소수점을 기준으로 수를 오른쪽으로 옮기는 방법 외에 분모의 0의 수만큼 소수점을 직접 왼쪽으로 옮긴다고 생각하면 이해가 조금 더 쉬워요!

■▲ —$\frac{1}{10}$→ ■.▲

■▲ —$\frac{1}{100}$→ 0.■▲

■▲ —$\frac{1}{1000}$→ 0.0■▲

소수점을 왼쪽으로 이동할 때
자리가 비면 0을 채워 넣어요!

소수의 $\frac{1}{10}$을 하면 소수점을 기준으로 수가 오른쪽으로 한 자리씩 이동해요.

빈칸에 알맞은 수를 써넣으세요.

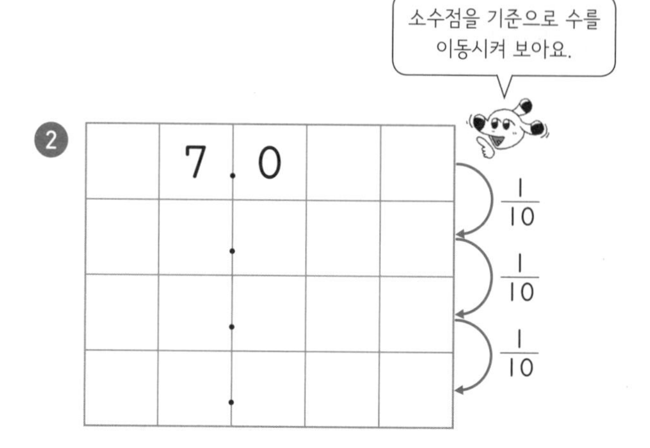

❶

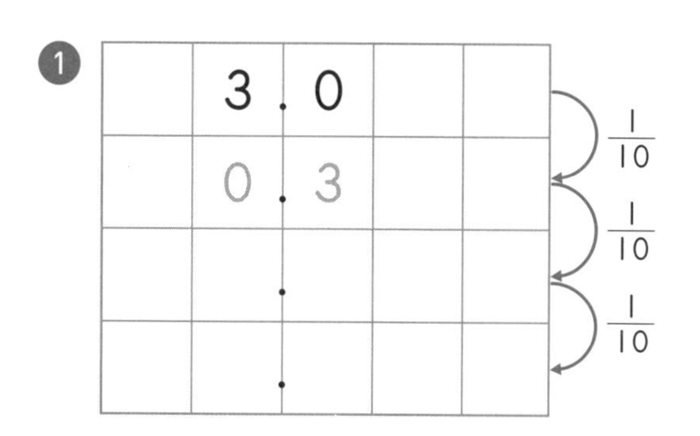

❷ 7.0

❸

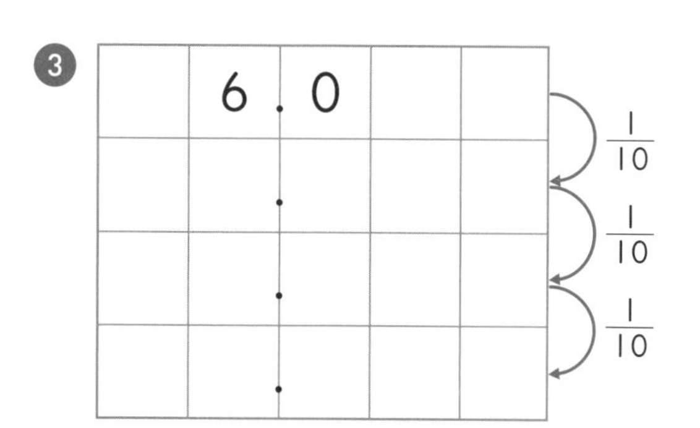

❹

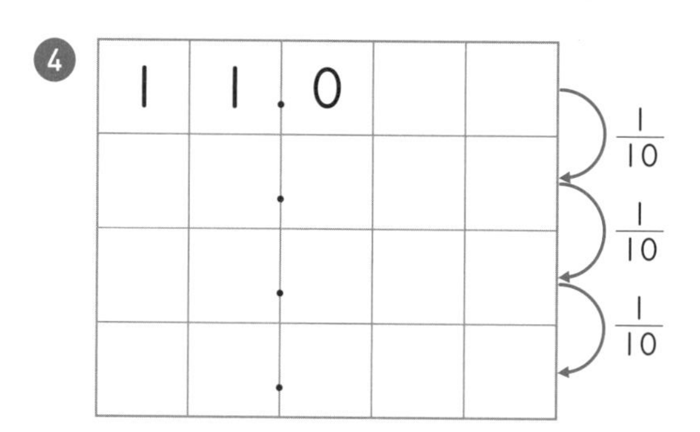

❺

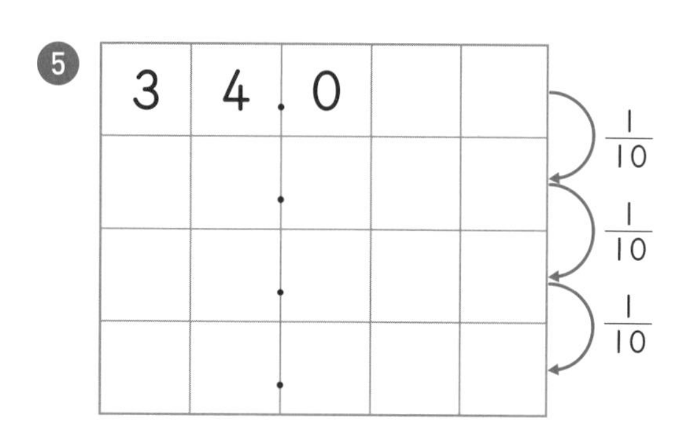

❻

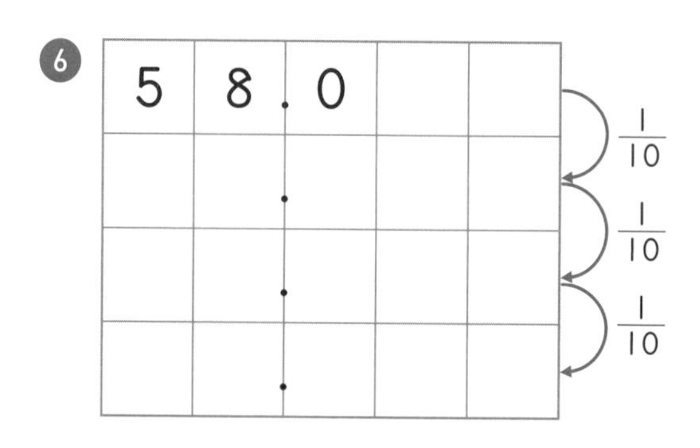

소수의 $\frac{1}{10}$, $\frac{1}{100}$, $\frac{1}{1000}$을 한 값은
분모의 0의 수만큼 소수점을 왼쪽으로 이동한 값과 같아요.

빈칸에 알맞은 수를 써넣으세요.

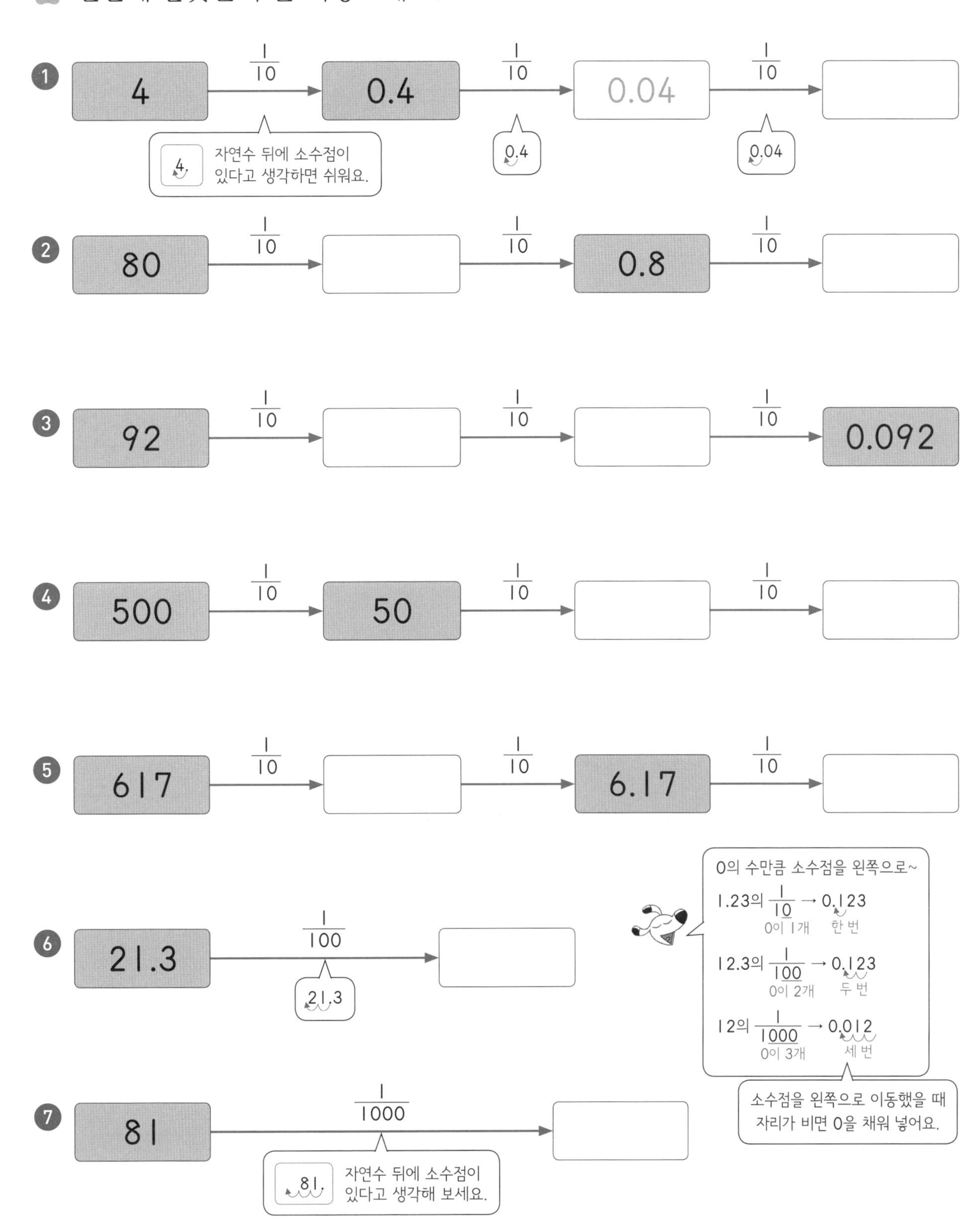

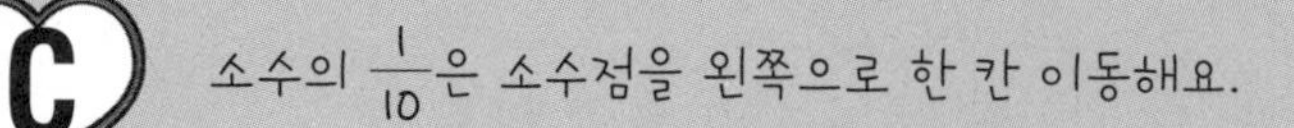

빈칸에 알맞은 수를 써넣으세요.

$\frac{1}{10}$을 하면 수가 작아지니까 소수점을 왼쪽으로 이동해요~.

❶

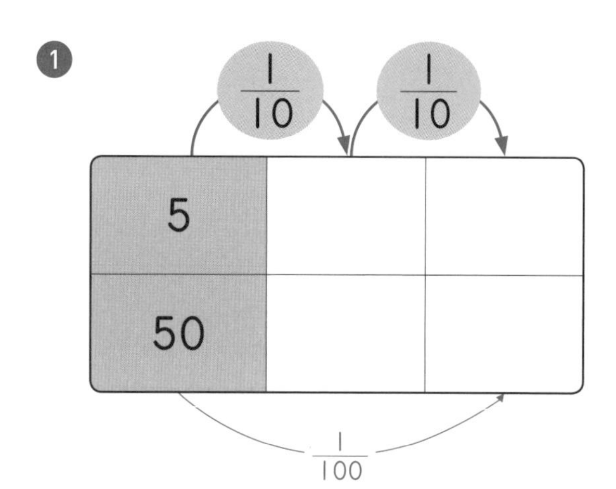

❷

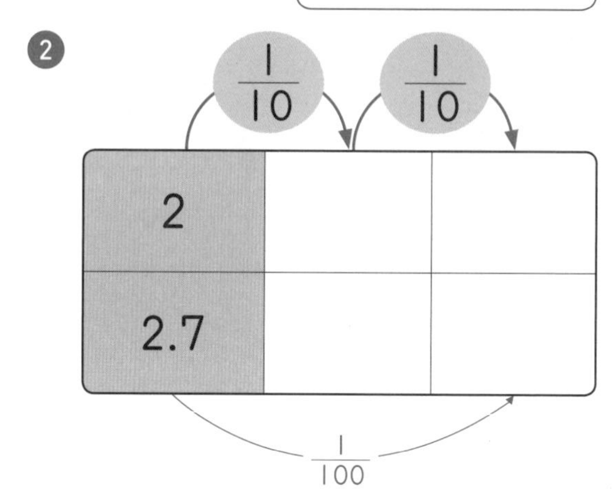

❸

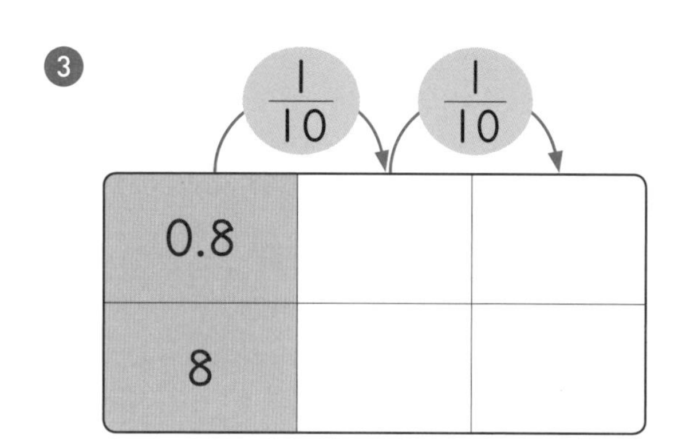

❹

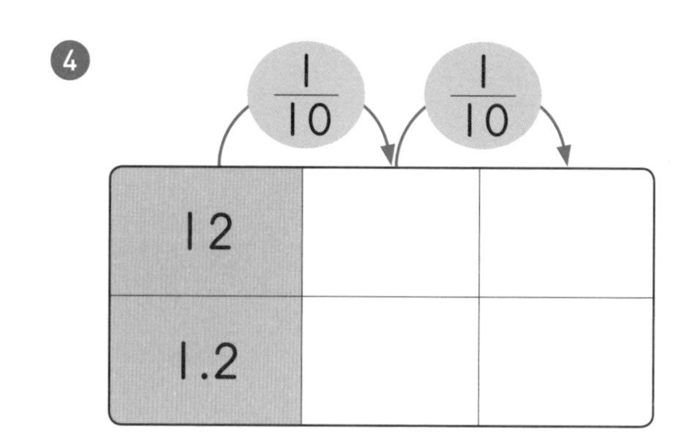

❺

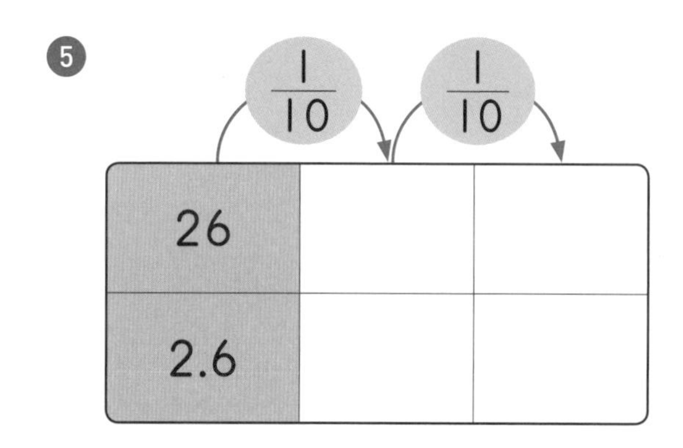

❻

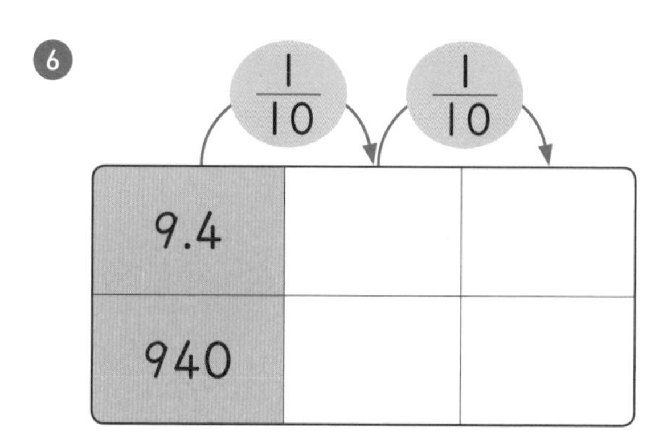

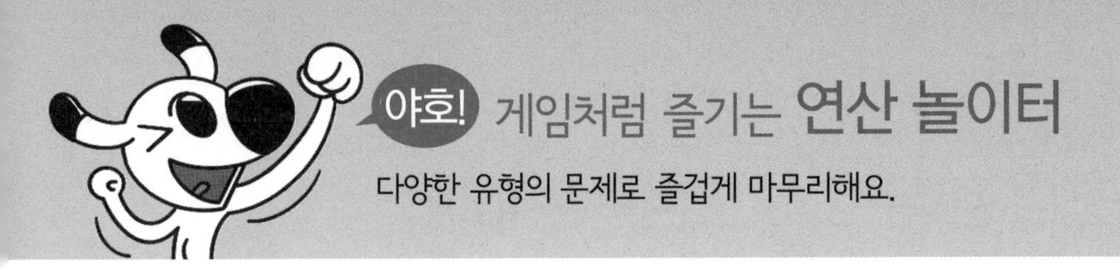

빠독이가 이글루를 찾아가려고 합니다. 올바른 답이 적힌 길을 따라가 보세요.

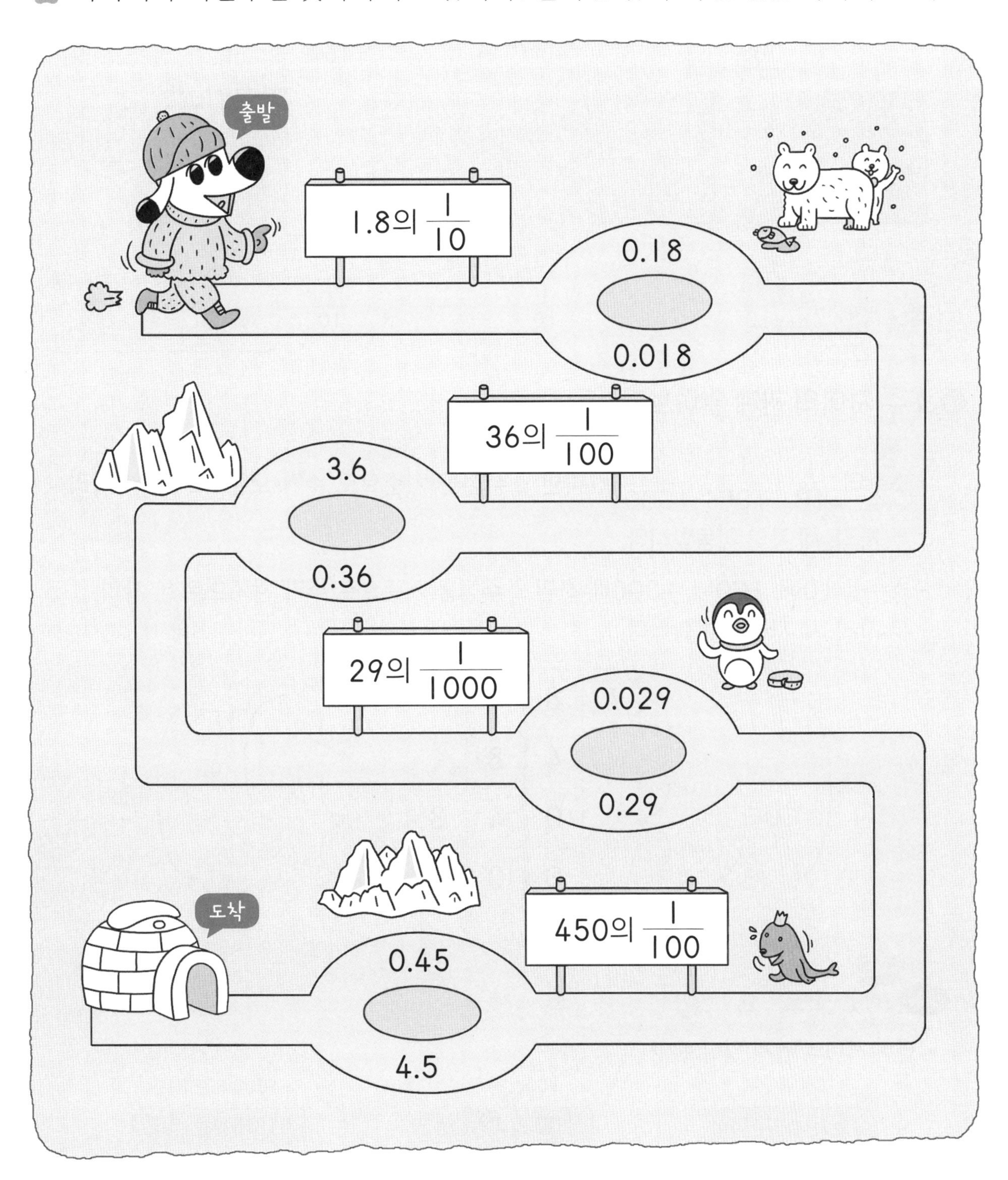

소수 사이의 관계 (3)

소수점의 왼쪽은 $\frac{1}{10}$, 오른쪽은 10배

✪ 1, 0.1, 0.01, 0.001 사이의 관계

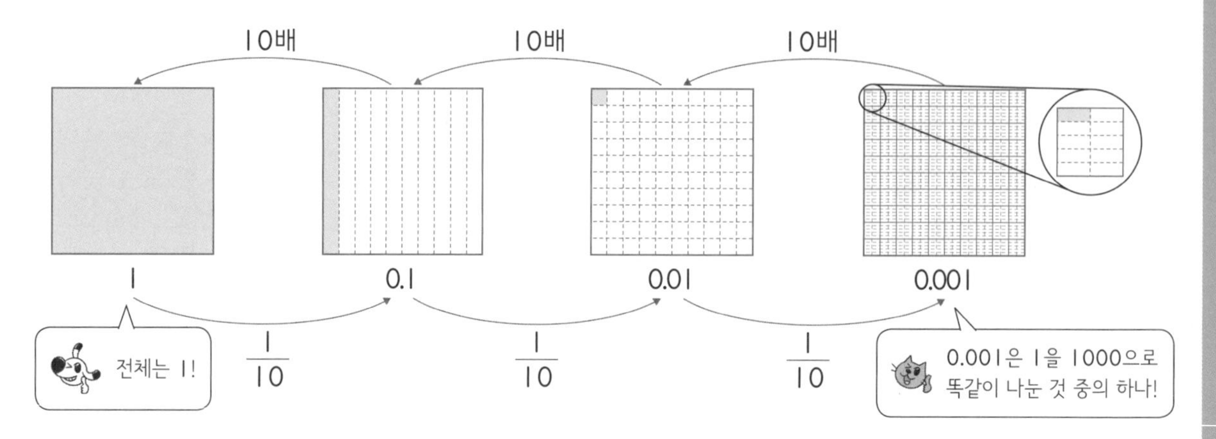

✪ 소수 사이의 관계 알아보기

- 소수의 $\frac{1}{10}$, $\frac{1}{100}$, $\frac{1}{1000}$을 하면 소수점을 기준으로 수가 오른쪽으로 한 자리, 두 자리, 세 자리 이동합니다.
- 소수를 10배, 100배, 1000배 하면 소수점을 기준으로 수가 왼쪽으로 한 자리, 두 자리, 세 자리 이동합니다.

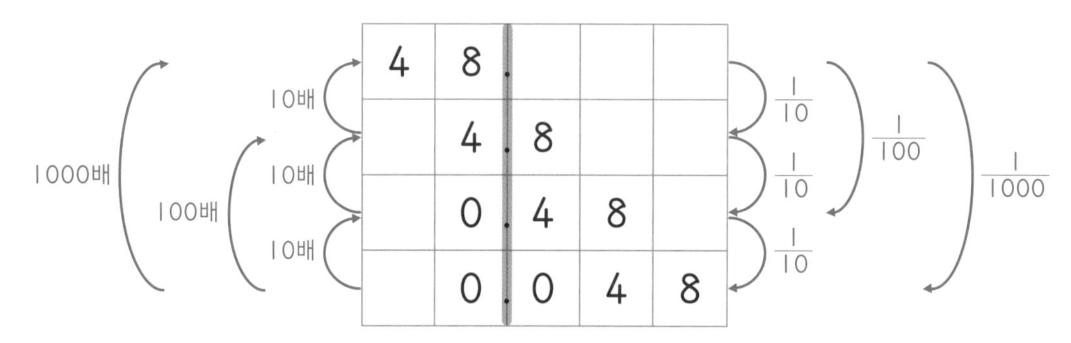

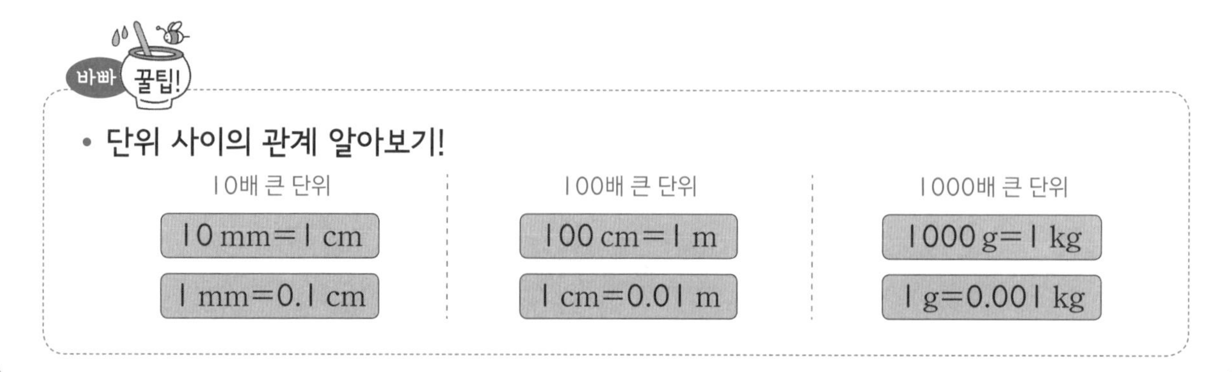

- 단위 사이의 관계 알아보기!

10배 큰 단위	100배 큰 단위	1000배 큰 단위
10 mm=1 cm	100 cm=1 m	1000 g=1 kg
1 mm=0.1 cm	1 cm=0.01 m	1 g=0.001 kg

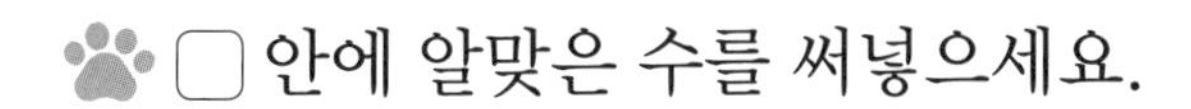

❶ 1은 0.1의 □배입니다.

❷ 10은 0.1의 □배입니다.

❸ 1의 $\frac{1}{10}$은 □입니다.

❹ 0.1의 10배는 □입니다.

❺ 1의 $\frac{1}{100}$은 □입니다.

❻ 10의 $\frac{1}{100}$은 □입니다.

❼ 0.01은 0.001의 □배입니다.

❽ 100은 0.1의 □배입니다.

❾ 0.1의 $\frac{1}{100}$은 □입니다.

❿ 10은 0.01의 □배입니다.

⓫ 100의 $\frac{1}{1000}$은 □입니다.

⓬ 0.01은 1의 $\frac{1}{□}$입니다.

소수의 $\frac{1}{10}$을 하면 소수점을 기준으로 수가 오른쪽으로 한 자리,
소수를 10배 하면 소수점을 기준으로 수가 왼쪽으로 한 자리 이동해요~!

빈칸에 알맞은 수를 써넣으세요.

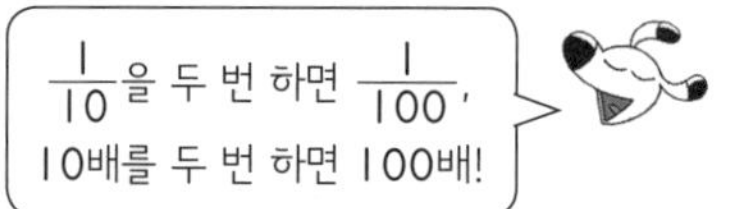

❶

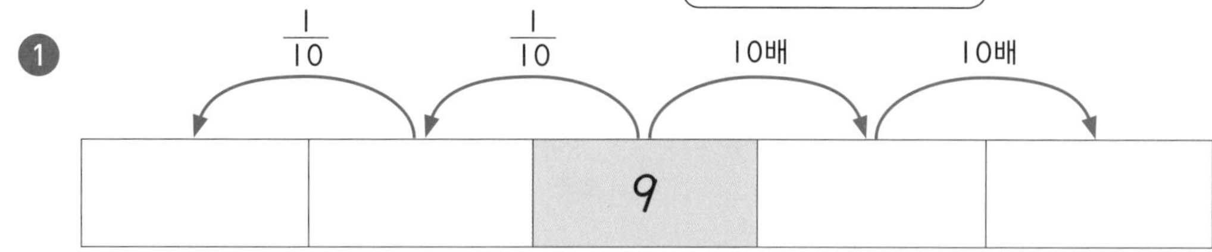

❷

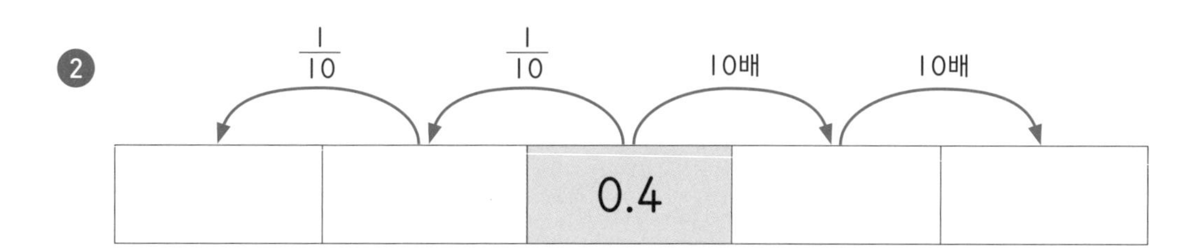

❸

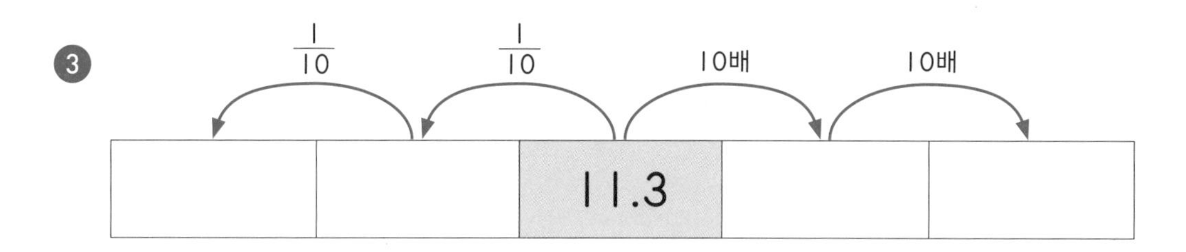

❹

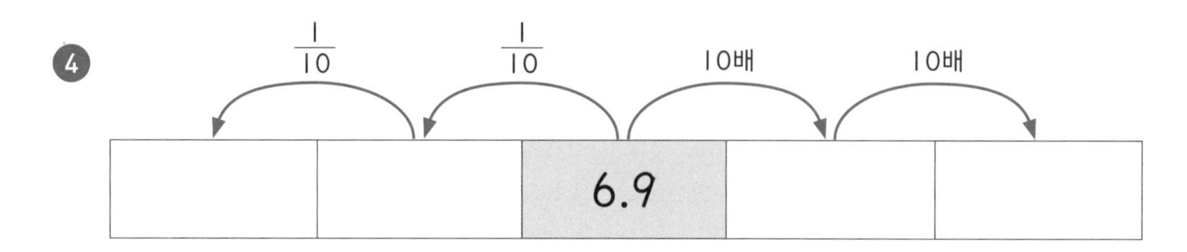

❺

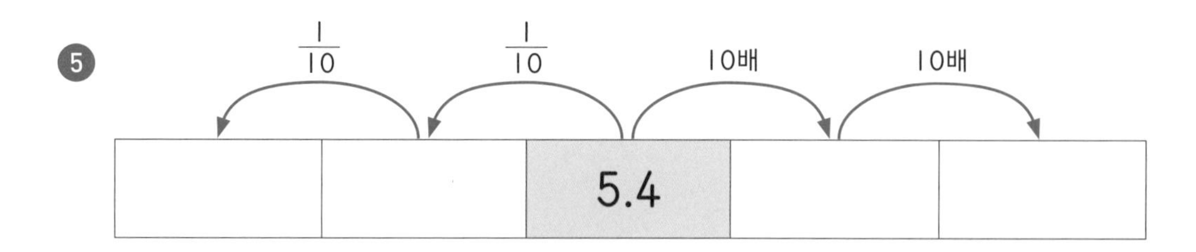

❻

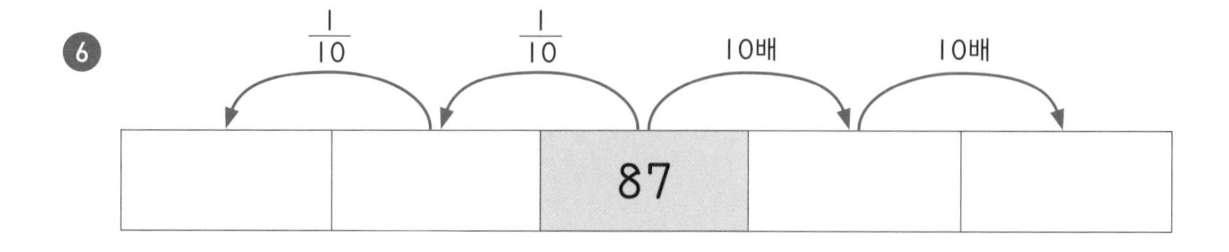

mm를 cm로 바꾸면 수가 $\frac{1}{10}$, cm를 m로 바꾸면 수가 $\frac{1}{100}$,
g을 kg으로 바꾸면 수가 $\frac{1}{1000}$이 돼요.

□ 안에 알맞은 수를 써넣으세요.

❶ 1 mm= 0.1 cm

❷ 1 cm= 0.01 m

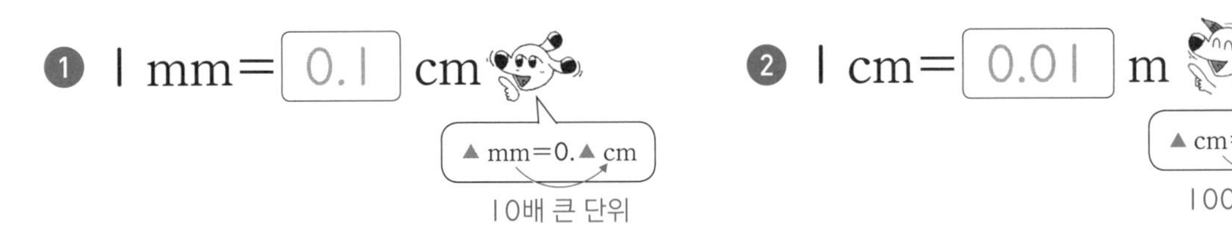

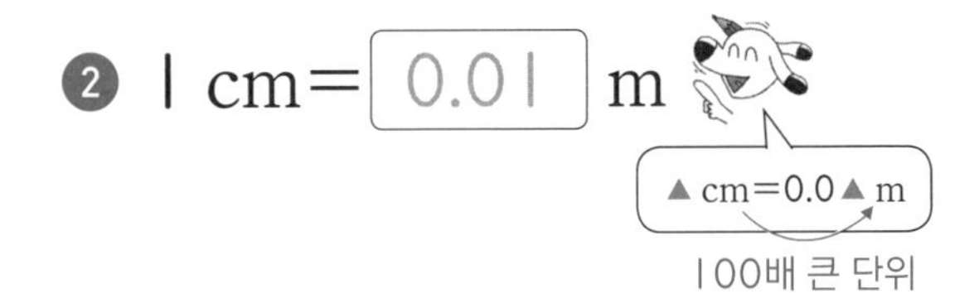

❸ 300 cm= □ m

❹ 45 mm= □ cm

❺ 1 g= 0.001 kg

1000배 큰 단위
▲ g=0.00▲ kg

❻ 160 cm= □ m

❼ 120 mm= □ cm

❽ 6 g= □ kg

❾ 283 mm= □ cm

❿ 93 g= □ kg

⓫ 37 cm= □ m

⓬ 517 g= □ kg

도전! 땅 짚고 헤엄치는 문장제

쉬운 문장제로 연산의 기본 개념을 익혀 봐요!

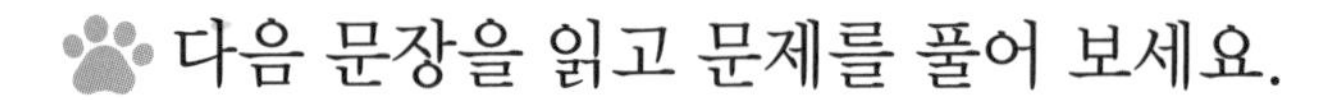

❶ 털실 한 뭉치의 무게는 0.19 kg입니다. 털실 100뭉치의 무게는 몇 kg일까요?

100배 ➡ 0.19

____

답을 쓸 때 단위 쓰는 것을 잊지 마세요!

❷ 주스 한 병의 양이 0.503 L입니다. 주스 10병의 양은 몇 L일까요?

____

❸ 영호가 키우는 강낭콩 줄기의 길이를 재어 보았더니 28.3 cm였습니다. 이 강낭콩 줄기의 길이는 몇 m일까요?

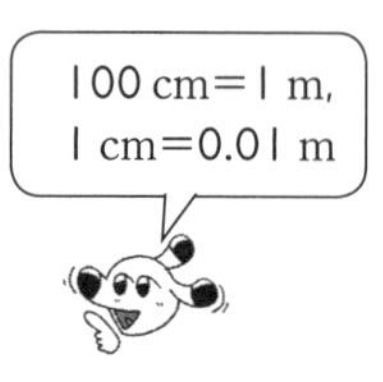

____

❹ 돼지고기 3.28 kg을 사왔습니다. 사 온 돼지고기는 몇 g일까요?

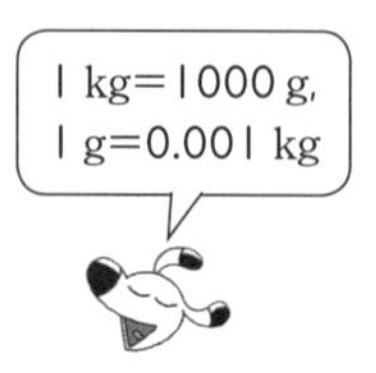

____

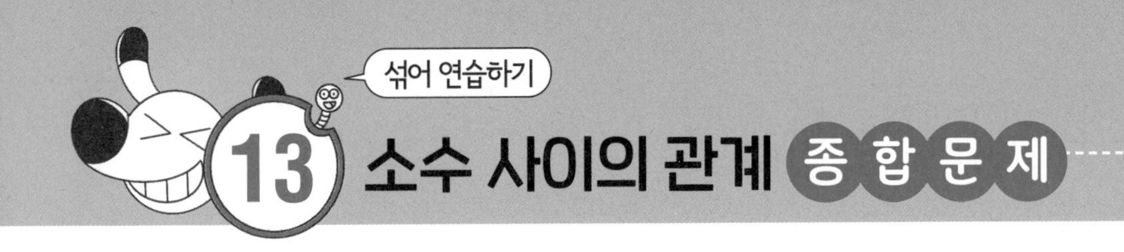

빈칸에 알맞은 수를 써넣으세요.

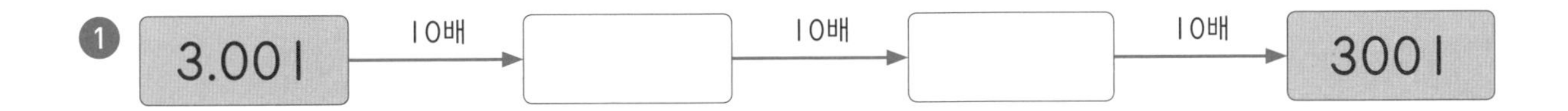

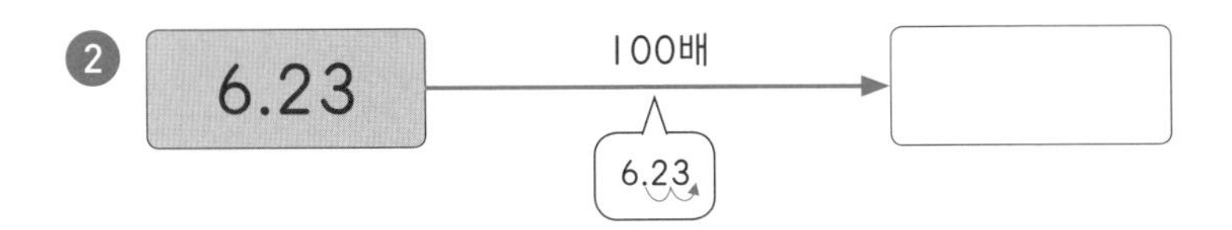

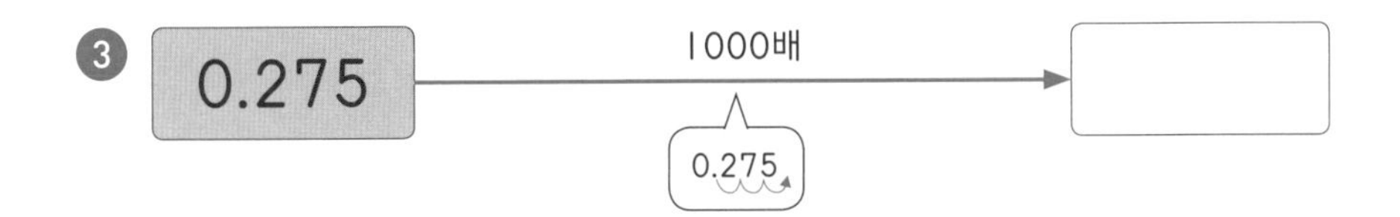

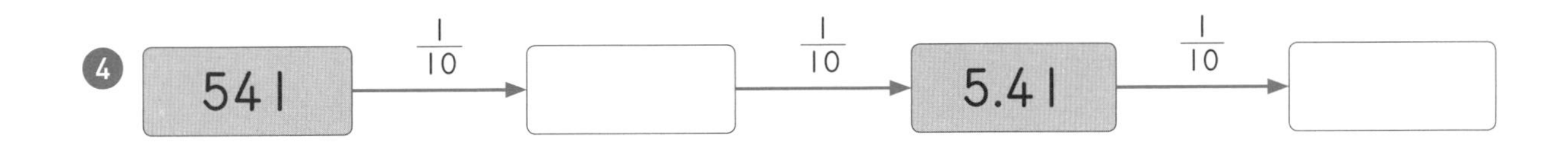

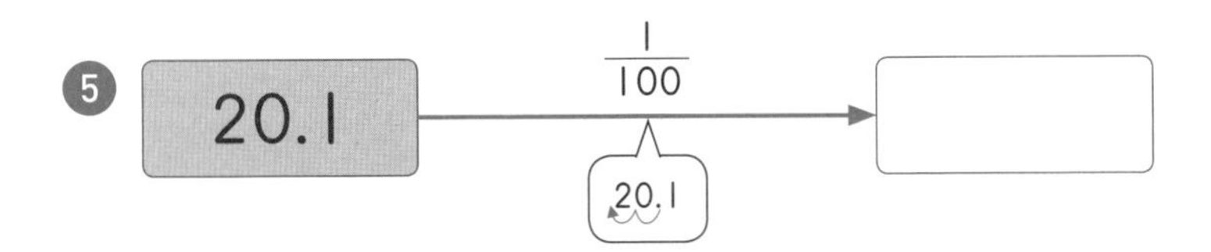

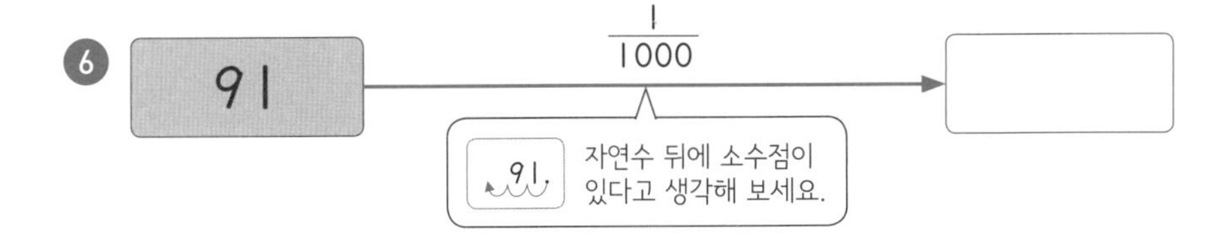

빈칸에 알맞은 수를 써넣으세요.

❶
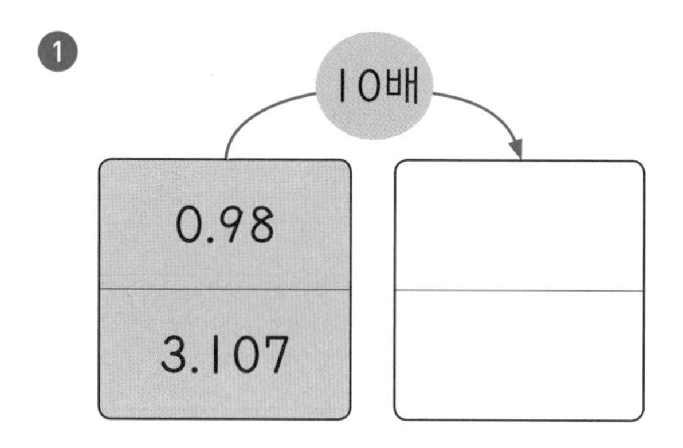

❷
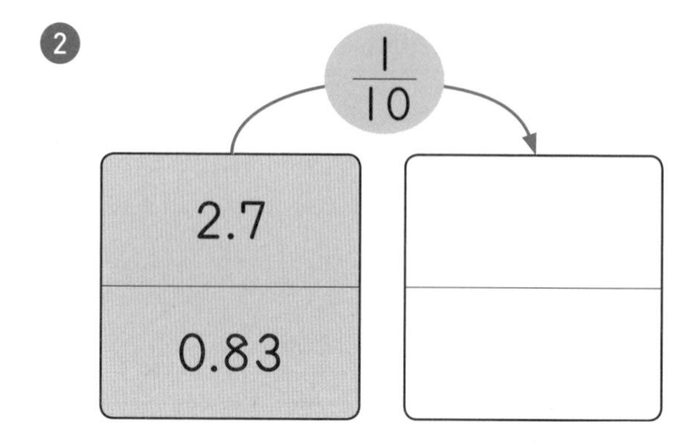

❸
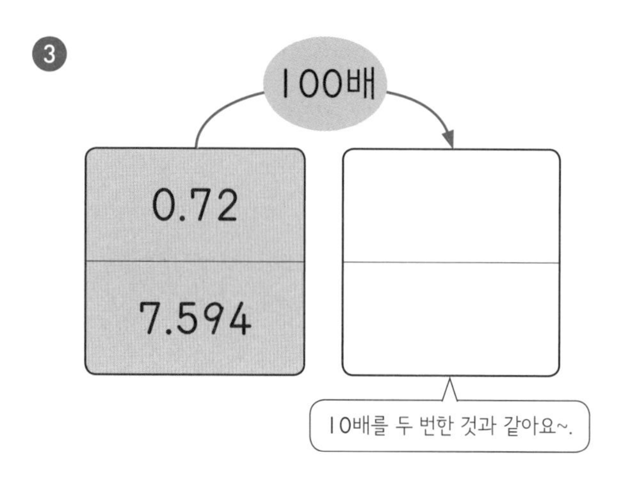

❹
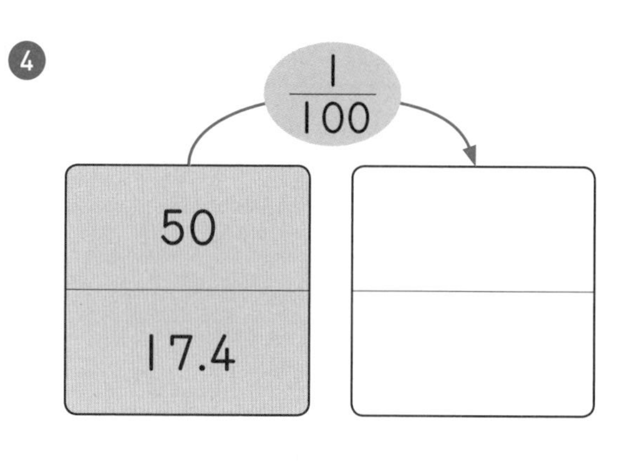

❺
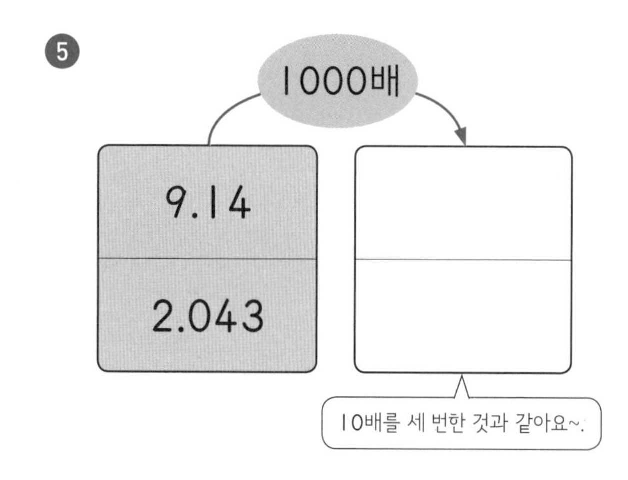

❻
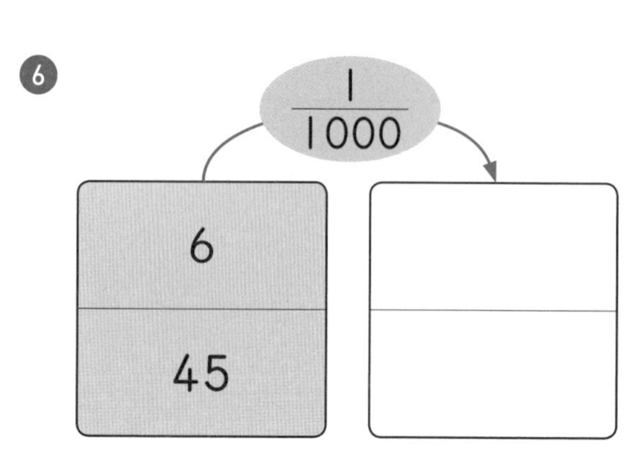

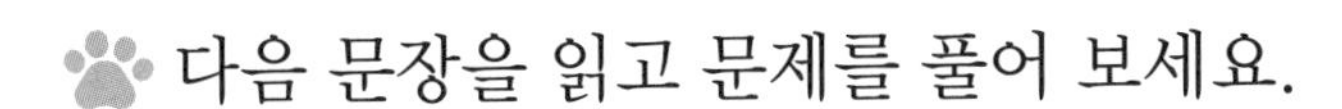

1 ㉠이 나타내는 수는 ㉡이 나타내는 수의 몇 배일까요?

6<u>3</u>.50<u>3</u> (㉠: 일의 자리 3, ㉡: 소수 셋째 자리 3)

____

2 ㉡이 나타내는 수는 ㉠이 나타내는 수의 몇 분의 몇일까요?

4<u>1</u>.0<u>1</u>9 (㉠: 일의 자리 1, ㉡: 소수 둘째 자리 1)

____

3 상자에 넣었다 빼면 처음 길이의 $\frac{1}{10}$이 되는 마술 상자가 있습니다. 8.5 cm짜리 연필을 마술 상자에 넣었다 빼면 몇 cm가 될까요?

____

4 코끼리의 무게는 4000 kg이고, 의성이의 몸무게는 코끼리의 무게의 $\frac{1}{100}$입니다. 의성이의 몸무게는 몇 kg일까요?

____

계산 결과가 같아지도록 선으로 이어 보세요.

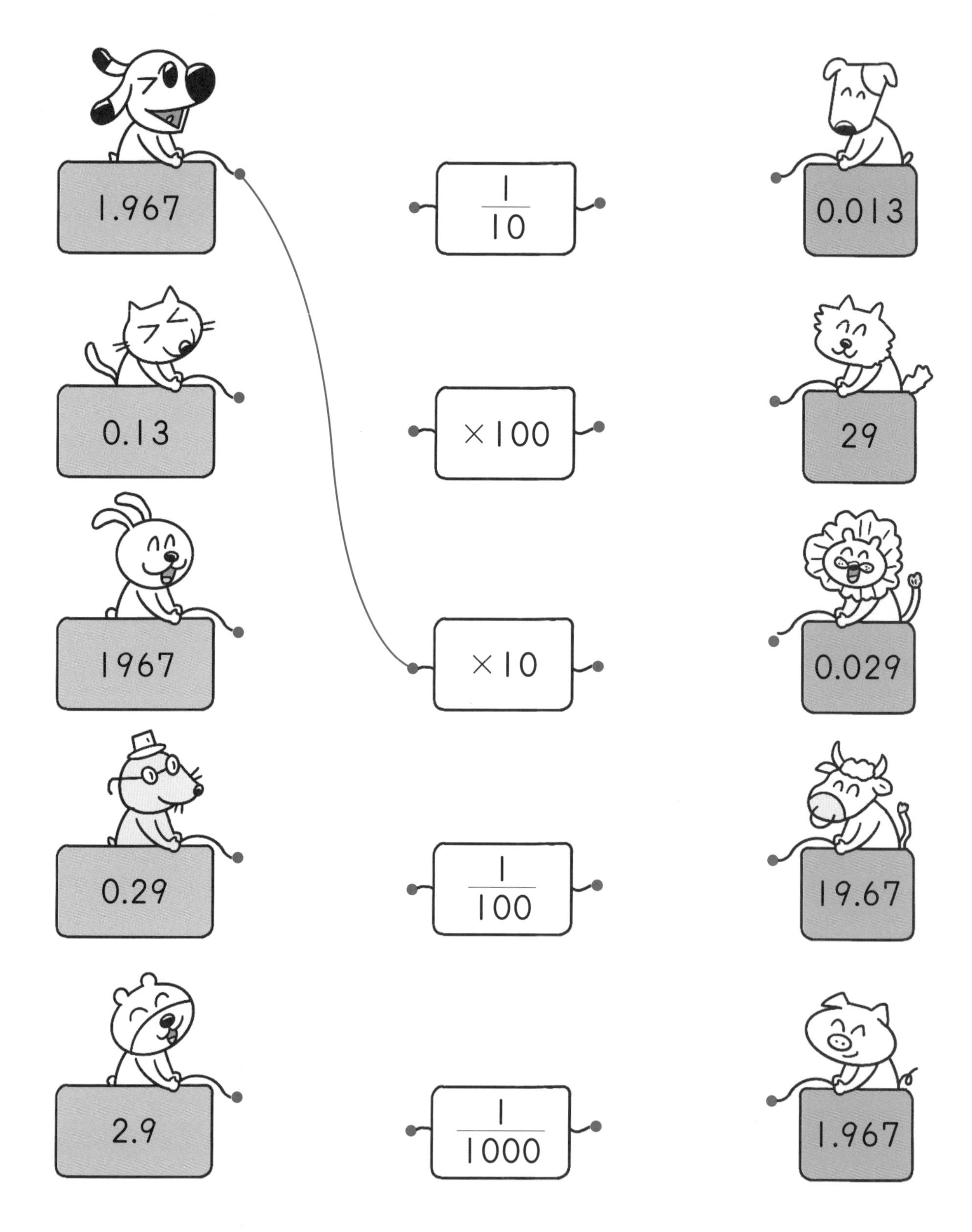

셋째 마당

소수의 덧셈과 뺄셈

소수의 덧셈과 뺄셈은 소수점을 기준으로 자리를 맞추는 게 가장 중요해요. 소수점의 위치만 잘 맞춘다면 계산하는 방법은 자연수와 똑같아 어렵지 않답니다. 이번 마당을 통해 소수점의 위치를 맞추는 것과 함께 받아올림이 있는 덧셈과 받아내림이 있는 뺄셈까지 연습해 봐요!

공부할 내용!	완료	10일 진도	20일 진도
14 소수 한 자리 수의 덧셈, 소수점이 기준!	☐	7일 차	12일 차
15 소수 한 자리 수의 덧셈, 받아올림한 수 잊지 않기!	☐		13일 차
16 소수 한 자리 수의 뺄셈도 소수점이 기준!	☐	8일 차	14일 차
17 소수 한 자리 수의 뺄셈, 받아내림에 주의하기!	☐		15일 차
18 소수 둘째 자리부터 차례로 더하자	☐	9일 차	16일 차
19 자릿수가 다르면 자릿수를 같게 맞추어 더하자	☐		17일 차
20 소수 둘째 자리부터 차례로 빼자	☐	10일 차	18일 차
21 자릿수가 다르면 자릿수를 같게 맞추어 빼자	☐		19일 차
22 소수의 덧셈과 뺄셈 종합 문제	☐		20일 차

받아올림이 없는 소수 한 자리 수의 덧셈

소수 한 자리 수의 덧셈, 소수점이 기준!

그림으로 알아보기

- 1.4+1.2의 계산

1.4만큼 색칠한 것에 1.2만큼 색칠한 것을 더하면 2.6입니다.

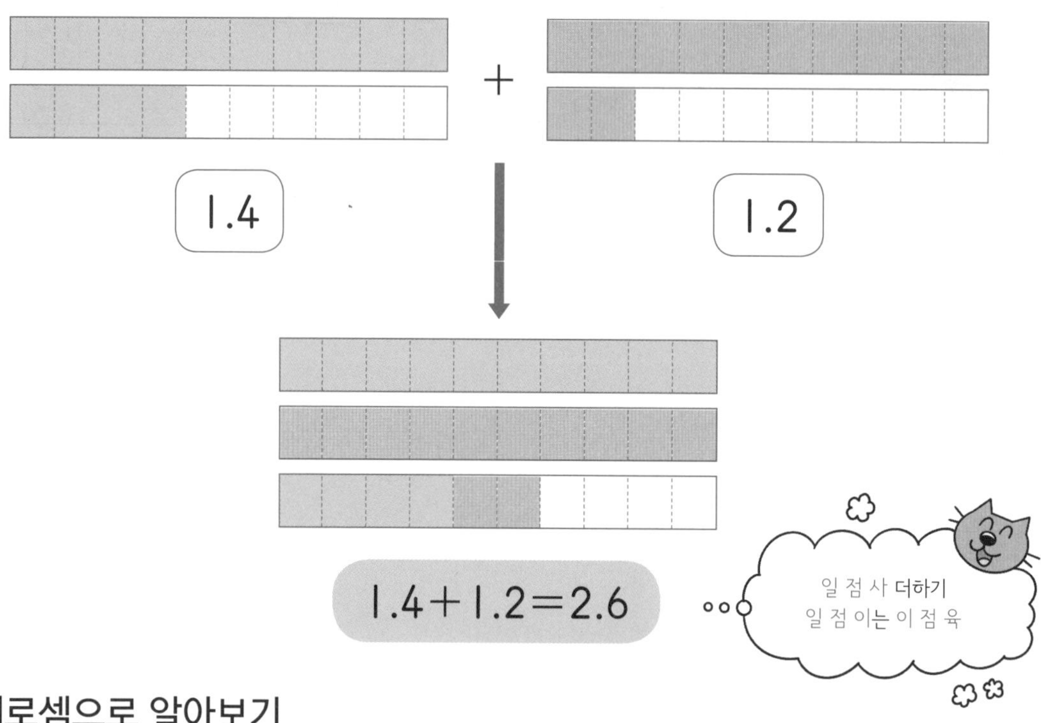

세로셈으로 알아보기

① 소수점끼리 맞추어 세로로 씁니다.

② 같은 자리 수끼리 더하고 소수점을 내려 찍습니다.

그림에서 0.1이 모두 몇 개인지 생각해 봐요!

그림을 보고 ☐ 안에 알맞은 수를 써넣으세요.

1. 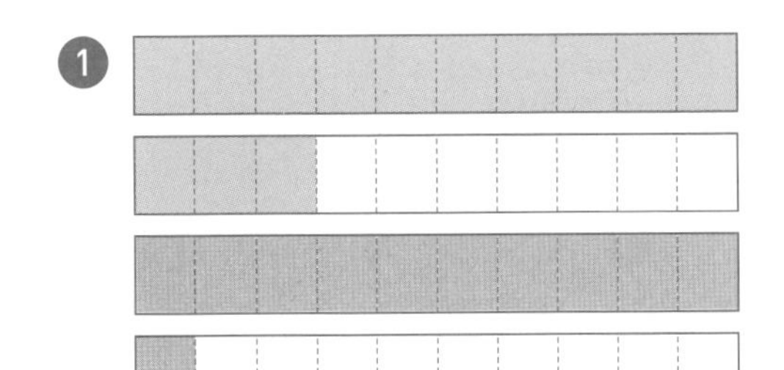

$1.3+1.1=$ ☐

2. 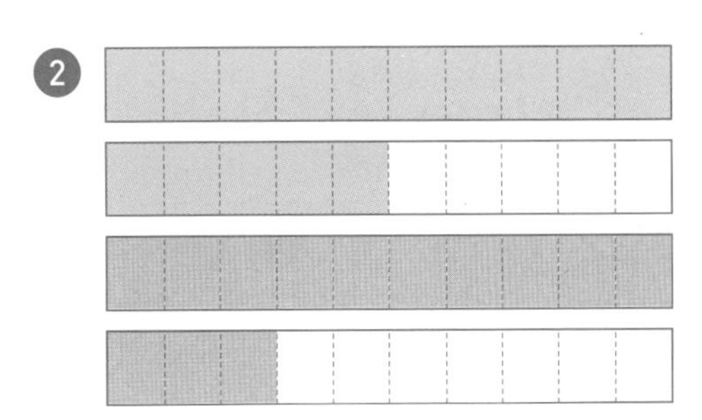

$1.5+1.3=$ ☐

3. 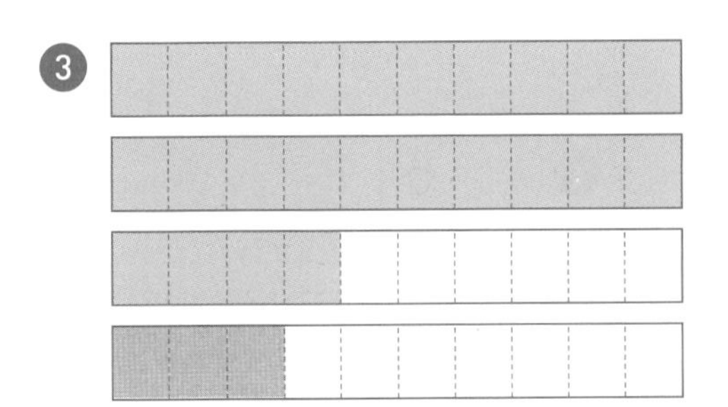

$2.4+0.3=$ ☐

4. 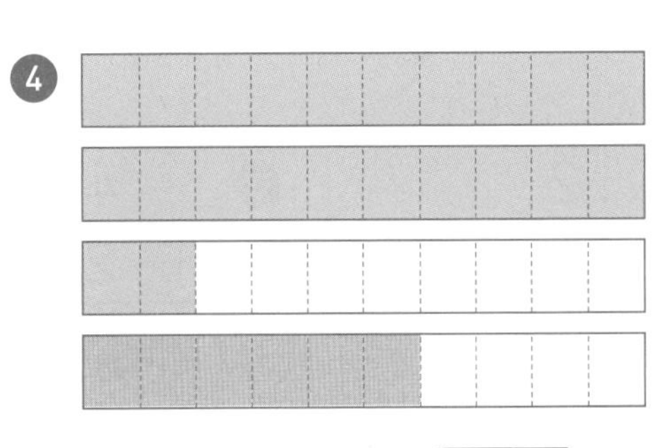

$2.2+0.6=$ ☐

5. 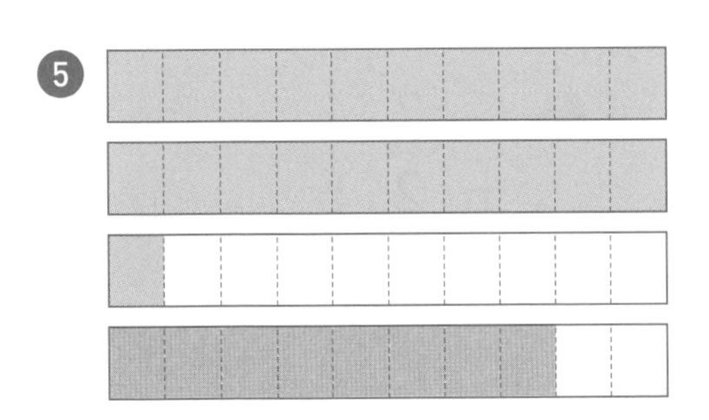

$2.1+0.8=$ ☐

6. 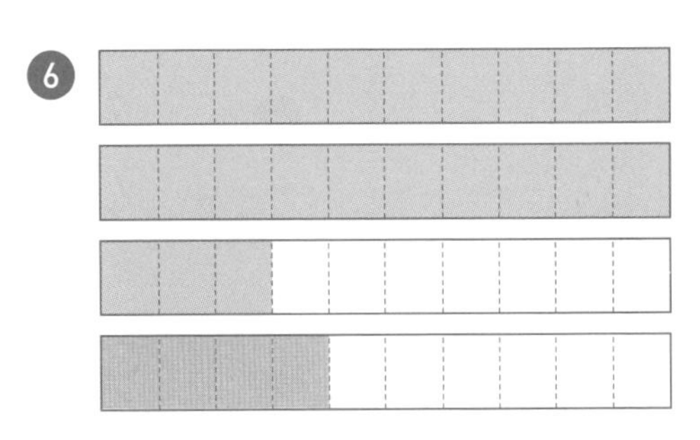

$2.3+0.4=$ ☐

7. 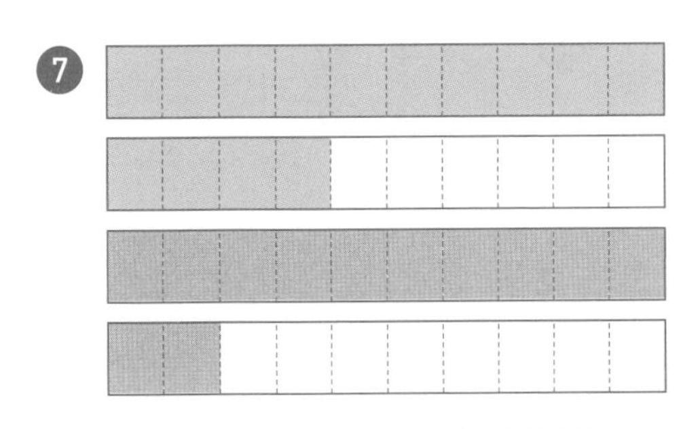

$1.4+1.2=$ ☐

8. 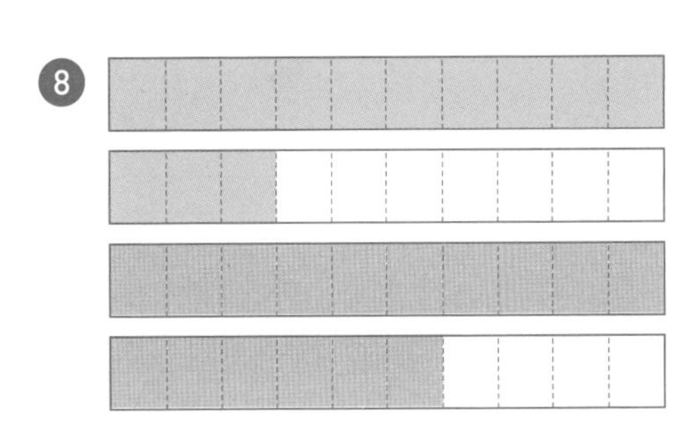

$1.3+1.6=$ ☐

계산한 값에 소수점 찍는 것을 잊지 않도록 주의해요.

계산해 보세요.

낮은 자리부터 차례로 더한 후 소수점을 찍으세요.

소수점 콕!

일	소수 첫째

❶ $0.2 + 0.3$

❷ $1.7 + 2.2$

❸ $3.4 + 3.5$

❹ $0.2 + 6.7$

❺ $4.1 + 2.4$

❻ $5.1 + 2.7$

❼ $3.6 + 2.3$

❽ $3.3 + 4.2$

❾ $7.1 + 2.5$

❿ $8.1 + 1.7$

⓫ $5.4 + 3.5$

⓬ $4.6 + 2.3$

도전! 땅 짚고 헤엄치는 문장제

쉬운 문장제로 연산의 기본 개념을 익혀 봐요!

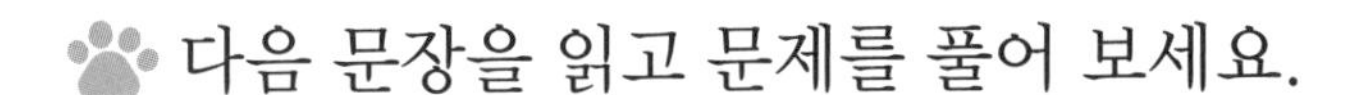

다음 문장을 읽고 문제를 풀어 보세요.

❶ 주스를 민정이는 0.3 L, 진욱이는 0.6 L 마셨습니다. 두 사람이 마신 주스는 모두 몇 L일까요?

____

❷ 돼지고기 0.2 kg과 소고기 0.6 kg이 있습니다. 돼지고기와 소고기의 무게는 모두 몇 kg일까요?

____

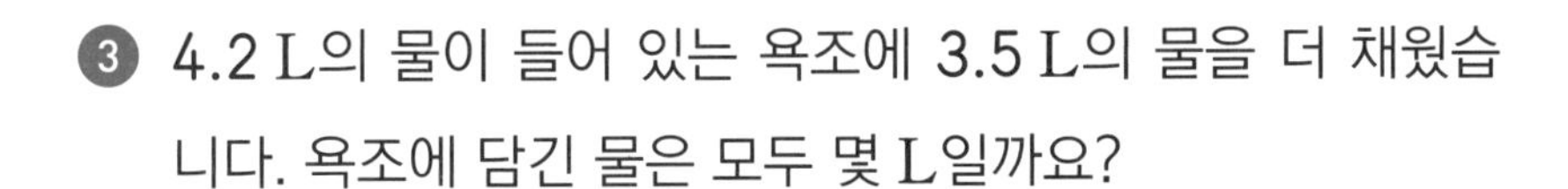

❸ 4.2 L의 물이 들어 있는 욕조에 3.5 L의 물을 더 채웠습니다. 욕조에 담긴 물은 모두 몇 L일까요?

____

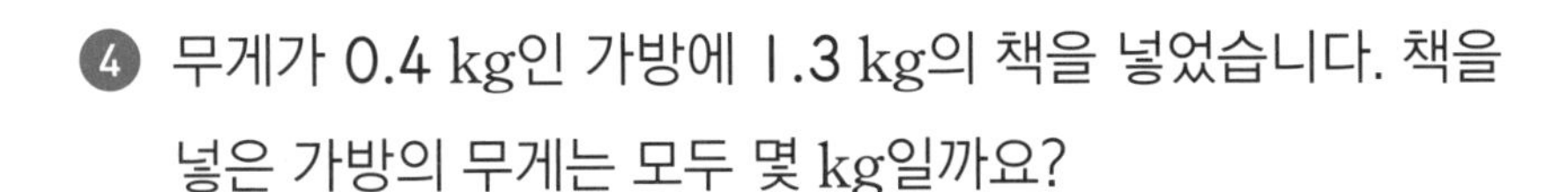

❹ 무게가 0.4 kg인 가방에 1.3 kg의 책을 넣었습니다. 책을 넣은 가방의 무게는 모두 몇 kg일까요?

____

❺ 기안이네 집에서 도서관까지의 거리는 0.4 km이고, 도서관에서 학교까지의 거리는 1.2 km입니다. 기안이네 집에서 도서관을 거쳐 학교까지 가는 거리는 모두 몇 km일까요?

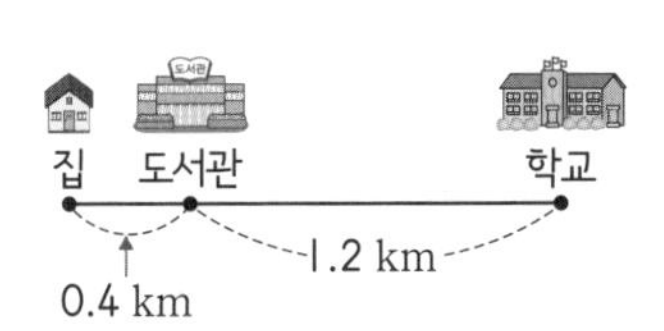

____

받아올림이 있는 소수 한 자리 수의 덧셈

소수 한 자리 수의 덧셈, 받아올림한 수 잊지 않기!

0.1의 개수를 이용하여 알아보기

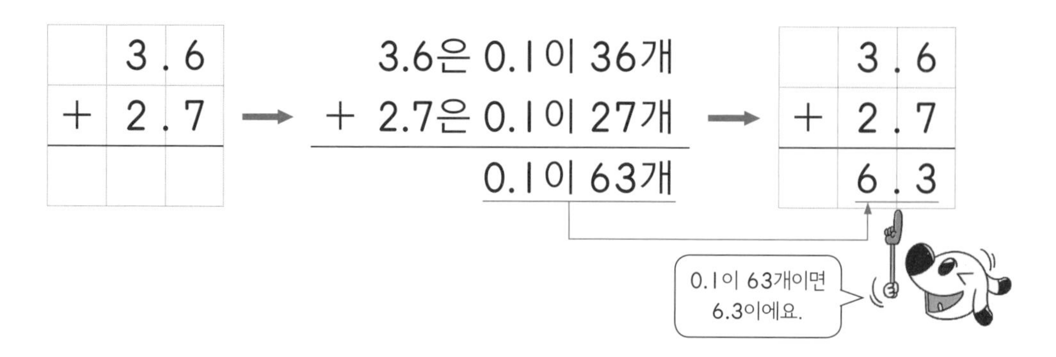

세로셈으로 알아보기

① 소수점끼리 맞추어 세로로 씁니다.

② 같은 자리 수끼리 더하고 소수점 을 내려 찍습니다. 이때 같은 자리 수끼리 더하여 합이 10이거나 10보다 크면 바로 윗자리로 받아올림하여 계산합니다.

3.6+2.7

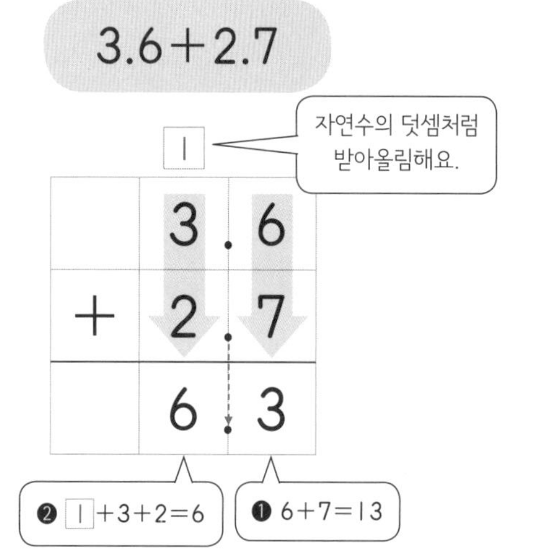

0.1의 개수를 이용해서 소수의 덧셈도 할 수 있어요.

0.1이 ■▲개 ➡ ■.▲

0.1의 개수를 이용하여 소수의 덧셈을 하세요.

1

2.9는 0.1이 [ ]개
+ 3.8은 0.1이 [ ]개
0.1이 [ ]개

→

	2	.9
+	3	.8

소수점 콕!

2

1.7은 0.1이 [ ]개
+ 4.6은 0.1이 [ ]개
0.1이 [ ]개

→

	1	.7
+	4	.6

3

2.3은 0.1이 [ ]개
+ 5.9는 0.1이 [ ]개
0.1이 [ ]개

→

	2	.3
+	5	.9

4

5.7은 0.1이 [ ]개
+ 3.4는 0.1이 [ ]개
0.1이 [ ]개

→

	5	.7
+	3	.4

같은 자리 수끼리의 합이 10이거나 10보다 크면
바로 윗자리로 받아올림해요!

계산해 보세요.

소수 첫째 자리에서 받아올림한 수

		일	소수 첫째				일	소수 첫째				일	소수 첫째
		1											
❶		0	.9		❷		4	.6		❸		3	.8
	+	0	.5			+	2	.6			+	4	.5
			.					.					.

소수점 콕!

❹		1	.6		❺		4	.6		❻		5	.9
	+	7	.7			+	4	.8			+	2	.3

받아올림이 두 번 있어요!

	1	1											
❼		7	.7		❽		3	.8		❾		8	.8
	+	2	.5			+	6	.9			+	3	.7

❿		8	.3		⓫		5	.6		⓬		6	.7
	+	1	.8			+	4	.6			+	4	.7

C

소수점끼리 맞추어 세로로 쓰고 계산한 값에
소수점을 찍는 것을 잊지 않도록 주의해요.

소수의 덧셈을 하세요.

세로셈으로 바꾸어
차근차근 풀어 보세요.

❶ $0.3+0.9=$

❷ $4.8+2.3=$

❸ $6.8+1.8=$

❹ $1.9+8.2=$

❺ $2.6+5.5=$

❻ $3.8+2.9=$

❼ $6.8+5.6=$

❽ $5.7+8.6=$

❾ $3.8+7.6=$

❿ $6.7+10.7=$

⓫ $18.2+1.8=$

⓬ $7.4+11.8=$

도전! 땅 짚고 헤엄치는 문장제

쉬운 문장제로 연산의 기본 개념을 익혀 봐요!

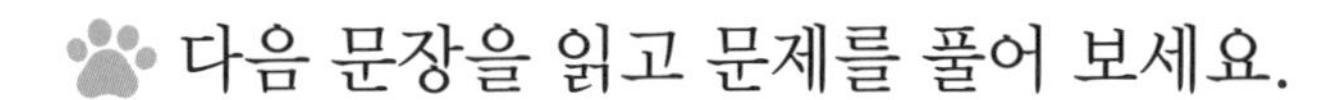
다음 문장을 읽고 문제를 풀어 보세요.

❶ 냉장고에 우유는 1.5 L 있고, 물은 우유보다 0.8 L 더 많습니다. 냉장고에 있는 물은 몇 L일까요?

____

❷ 감자 2.6 kg과 양파 1.6 kg이 있습니다. 감자와 양파의 무게는 모두 몇 kg일까요?

____

❸ 이서는 오늘 1.4 km를 걸었고 영호는 1.7 km를 걸었습니다. 이서와 영호가 걸은 거리는 모두 몇 km일까요?

____

❹ 무게가 0.8 kg인 바구니에 9.5 kg의 과일을 담았습니다. 과일이 담긴 바구니의 무게는 모두 몇 kg일까요?

____

(과일이 담긴 바구니의 무게)
=(바구니의 무게)+(과일의 무게)

❺ 2.9 kg의 쌀이 들어 있는 쌀통에 9.5 kg의 쌀을 더 채웠습니다. 쌀통에 담긴 쌀은 모두 몇 kg일까요?

____

바빠 소수 훈련 16

받아내림이 없는 소수 한 자리 수의 뺄셈

소수 한 자리 수의 뺄셈도 소수점이 기준!

그림으로 알아보기

• 2.8−0.6의 계산

2.8만큼 색칠한 것에서 0.6만큼 ×로 지우면 2.2만큼이 남습니다.

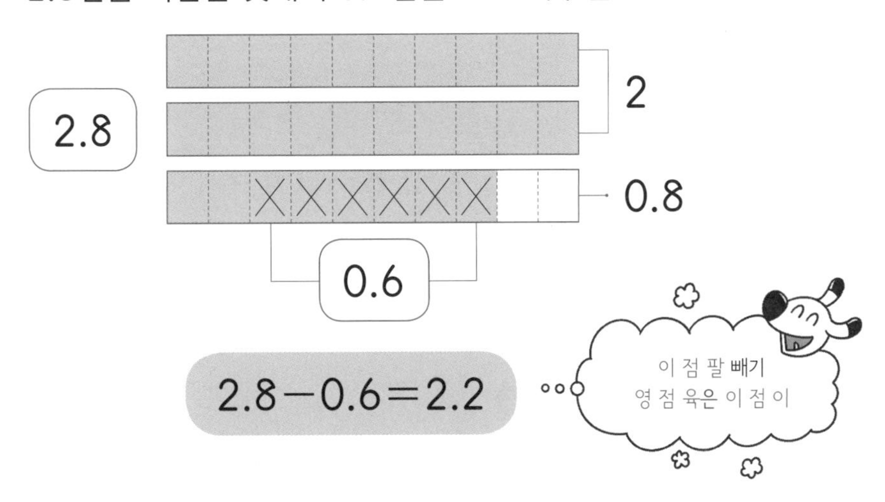

2.8−0.6=2.2

이 점 팔 빼기
영 점 육은 이 점 이

세로셈으로 알아보기

① 소수점끼리 맞추어 세로로 씁니다.

② 같은 자리 수끼리 빼고 소수점을 내려 찍습니다.

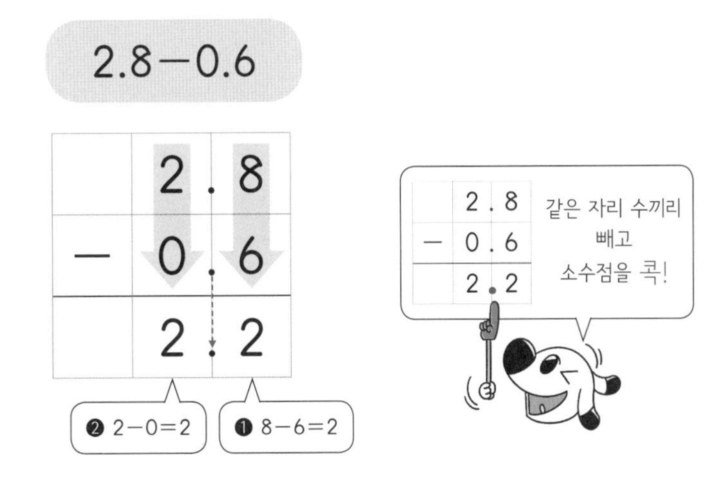

그림에서 지우고 남은 0.1의 개수가 몇 개인지 살펴보세요.

그림을 보고 ▢ 안에 알맞은 수를 써넣으세요.

① 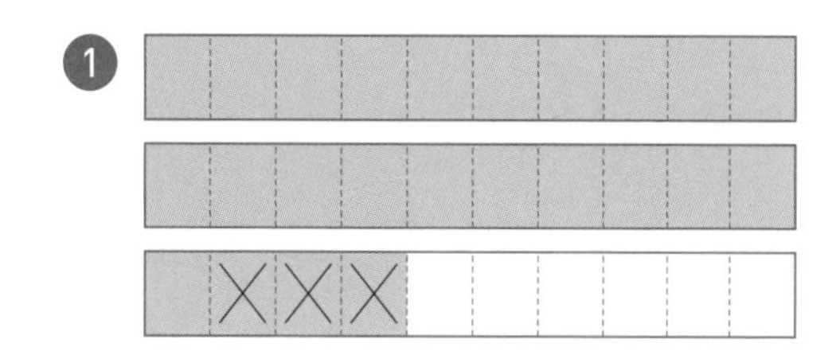

$2.4-0.3=$ ▢

② 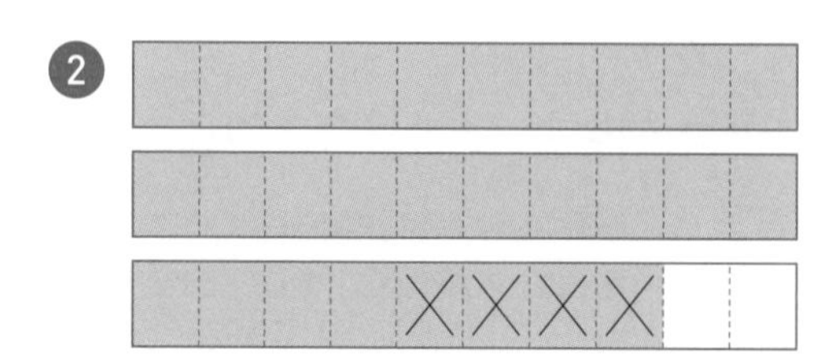

$2.8-0.4=$ ▢

③ 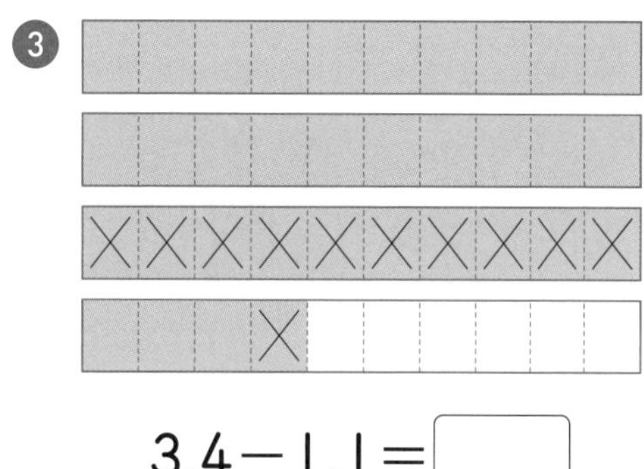

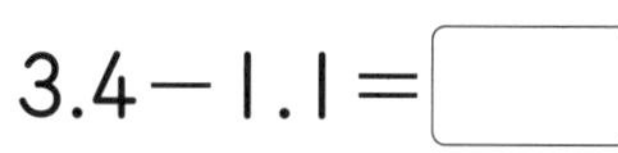

④ 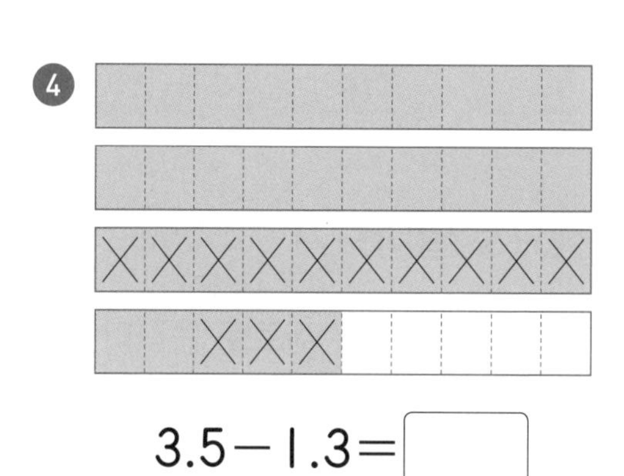

$3.5-1.3=$ ▢

⑤ 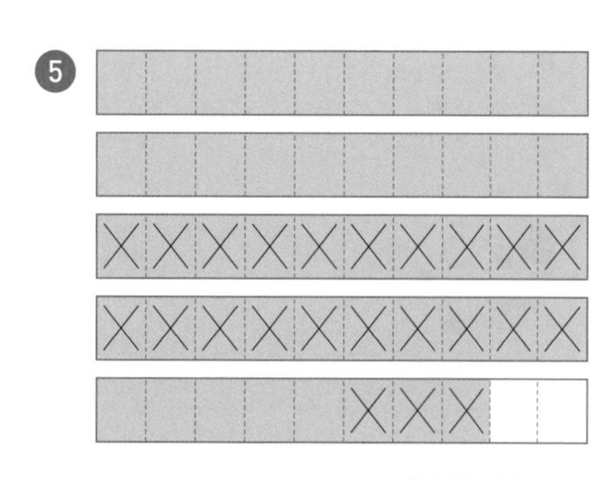

$4.8-2.3=$ ▢

⑥ 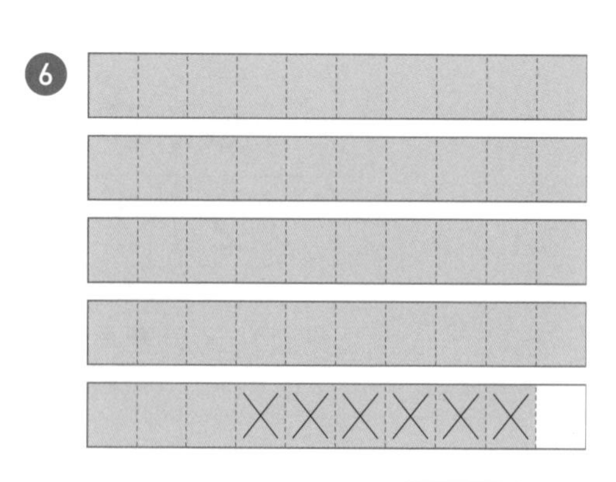

$4.9-0.6=$ ▢

가장 낮은 자리부터 차례로 뺀 다음
소수점을 그대로 내려 찍어요!

계산해 보세요.

낮은 자리부터 차례로 뺀 후
소수점을 찍어 보세요.

일 소수 첫째

❶ $3.9 - 0.3 = \square.\square$

소수점 콕!

❷ $4.5 - 2.2 = \square.\square$

❸ $3.4 - 1.2 = \square.\square$

❹ $8.6 - 6.1 =$

❺ $9.4 - 2.3 =$

❻ $5.9 - 2.7 =$

❼ $7.6 - 2.4 =$

❽ $5.8 - 4.2 =$

❾ $8.6 - 7.5 =$

❿ $6.6 - 1.2 =$

⓫ $8.7 - 4.2 =$

⓬ $4.9 - 2.3 =$

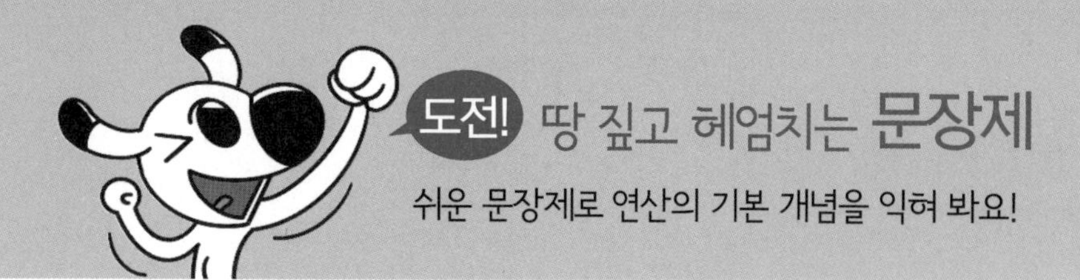

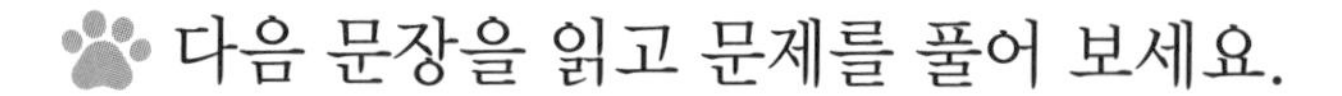

다음 문장을 읽고 문제를 풀어 보세요.

❶ 우유가 2.5 L 있었습니다. 영민이가 0.4 L를 마셨다면 남은 우유는 몇 L일까요?

❷ 쌀 6.8 kg이 있었습니다. 밥을 하는 데 1.2 kg을 사용했다면 남은 쌀의 무게는 몇 kg일까요?

❸ 7.8 L의 물이 들어 있는 욕조에서 물이 빠져나간 뒤 욕조에 2.5 L의 물이 남았습니다. 욕조에서 빠져나간 물은 몇 L일까요?

❹ 강아지의 무게는 5.3 kg이고 고양이의 무게는 2.1 kg입니다. 강아지는 고양이보다 몇 kg 더 무거울까요?

❺ 가로가 4.7 cm, 세로가 2.3 cm인 직사각형이 있습니다. 이 직사각형의 가로는 세로보다 몇 cm 더 길까요?

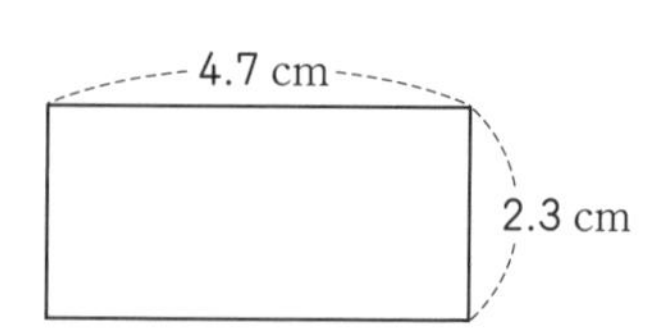

받아내림이 있는 소수 한 자리 수의 뺄셈

소수 한 자리 수의 뺄셈, 받아내림에 주의하기!

✪ 0.1의 개수를 이용하여 알아보기

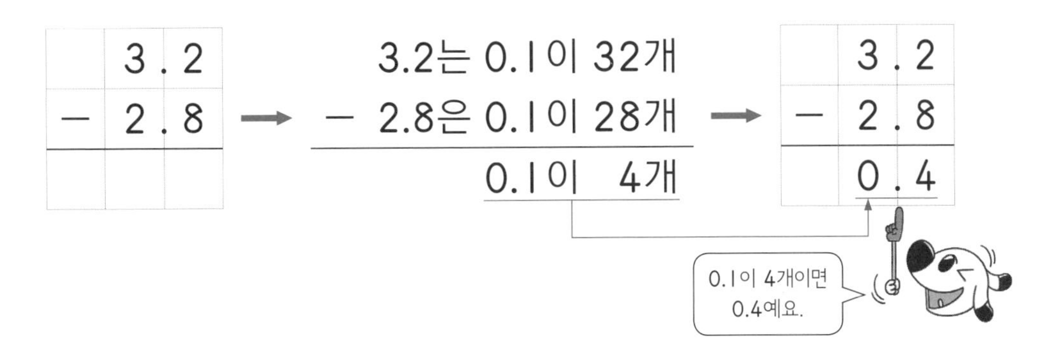

✪ 세로셈으로 알아보기

① 소수점끼리 맞추어 세로로 씁니다.

② 같은 자리 수끼리 빼고 소수점 을 내려 찍습니다. 이때 같은 자리 수끼리 뺄 수 없으면 바로 윗자리에서 받아내림하여 계산합니다.

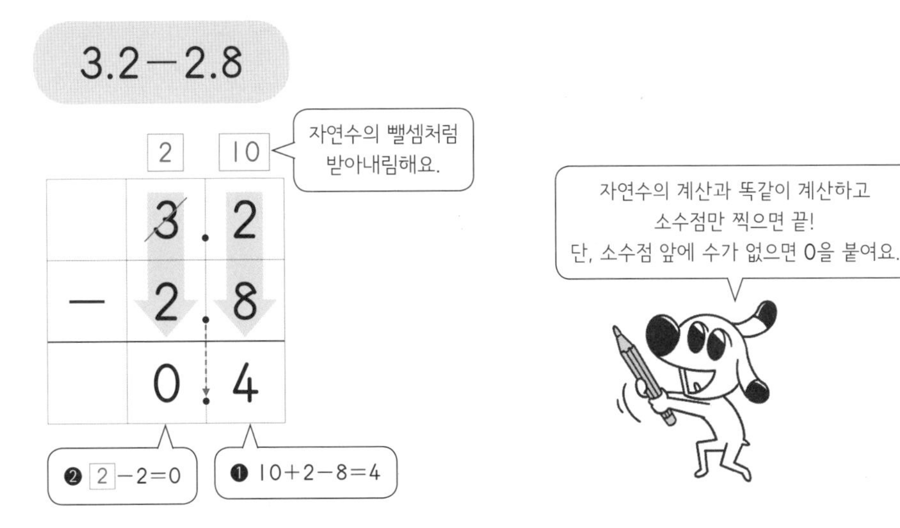

A

0.1의 개수를 이용해서 소수의 뺄셈도 할 수 있어요!

0.1이 ■▲개 ➡ ■.▲

0.1의 개수를 이용하여 소수의 뺄셈을 하세요.

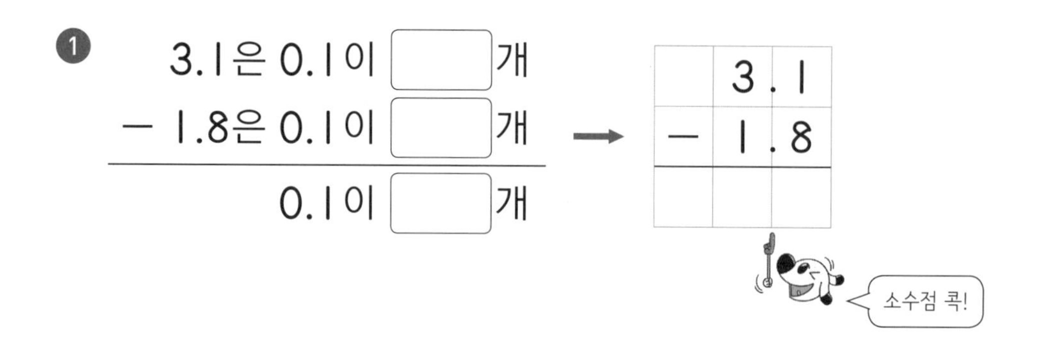

② 5.5는 0.1이 □개
− 3.6은 0.1이 □개
0.1이 □개 →

	5 . 5
−	3 . 6

③ 8.4는 0.1이 □개
− 5.9는 0.1이 □개
0.1이 □개 →

	8 . 4
−	5 . 9

④ 6.2는 0.1이 □개
− 4.5는 0.1이 □개
0.1이 □개 →

	6 . 2
−	4 . 5

같은 자리 수끼리 뺄 수 없으면
바로 윗자리에서 10을 받아내림하여 계산해요.

계산해 보세요.

일의 자리에서 받아내림한 수

소수점 콕!

번호	문제
①	$\begin{array}{r} \overset{3}{\cancel{4}}.\overset{10}{3} \\ -\ 1.5 \\ \hline \end{array}$
②	$\begin{array}{r} 5.2 \\ -\ 3.6 \\ \hline \end{array}$
③	$\begin{array}{r} 6.1 \\ -\ 2.5 \\ \hline \end{array}$
④	$\begin{array}{r} 4.2 \\ -\ 2.7 \\ \hline \end{array}$
⑤	$\begin{array}{r} 6.1 \\ -\ 3.8 \\ \hline \end{array}$
⑥	$\begin{array}{r} 5.2 \\ -\ 2.4 \\ \hline \end{array}$
⑦	$\begin{array}{r} 5.2 \\ -\ 3.5 \\ \hline \end{array}$
⑧	$\begin{array}{r} 7.1 \\ -\ 3.9 \\ \hline \end{array}$
⑨	$\begin{array}{r} 3.3 \\ -\ 1.7 \\ \hline \end{array}$
⑩	$\begin{array}{r} 6.6 \\ -\ 1.9 \\ \hline \end{array}$
⑪	$\begin{array}{r} 4.7 \\ -\ 2.9 \\ \hline \end{array}$
⑫	$\begin{array}{r} 9.3 \\ -\ 4.5 \\ \hline \end{array}$

(열 머리: 일 / 소수 첫째)

소수점끼리 맞추어 세로로 쓰고 계산한 값에
소수점을 찍는 것을 잊지 않도록 주의해요.

소수의 뺄셈을 하세요.

세로셈으로 바꾸어
차근차근 풀어 보세요.

❶ 3.5−2.8=

❷ 8.5−3.7=

❸ 9.5−1.9=

❹ 3.1−1.7=

❺ 6.3−2.5=

❻ 13.8−2.9=

❼ 19.3−14.6=

❽ 15.7−2.9=

❾ 12.3−5.6=

❿ 26.3−10.7=

⓫ 18.2−1.8=

⓬ 37.3−13.8=

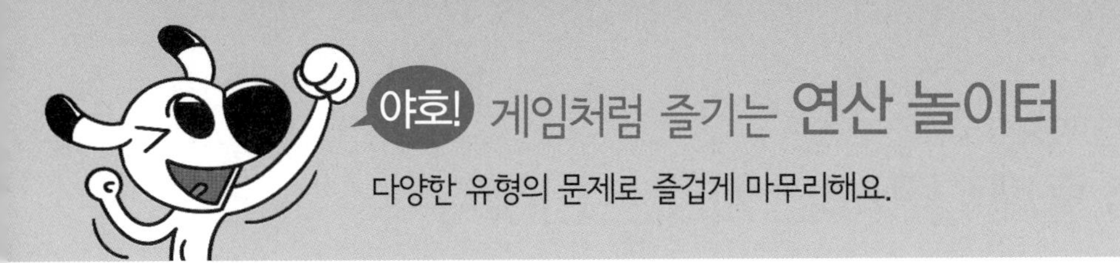

위의 두 수가 길을 따라가다 만난 기호로 계산한 값을 아래의 빈칸에 써넣으세요.

소수 두 자리 수의 덧셈

소수 둘째 자리부터 차례로 더하자

0.01의 개수를 이용하여 알아보기

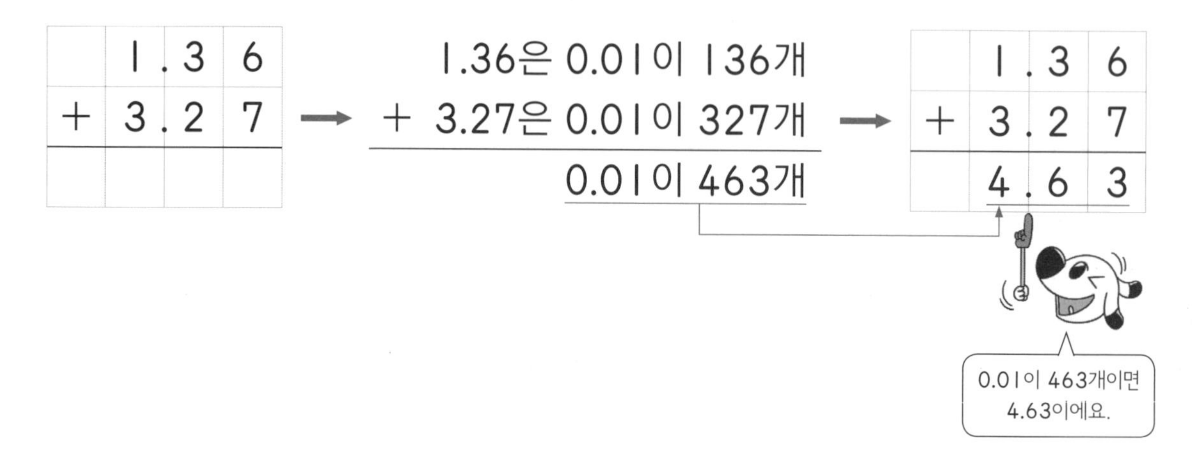

세로셈으로 알아보기

① 소수점끼리 맞추어 세로로 씁니다.

② 같은 자리 수끼리 더하고 소수점을 내려 찍습니다. 이때 같은 자리 수끼리 더하여 합이 10이거나 10보다 크면 바로 윗자리로 받아올림하여 계산합니다.

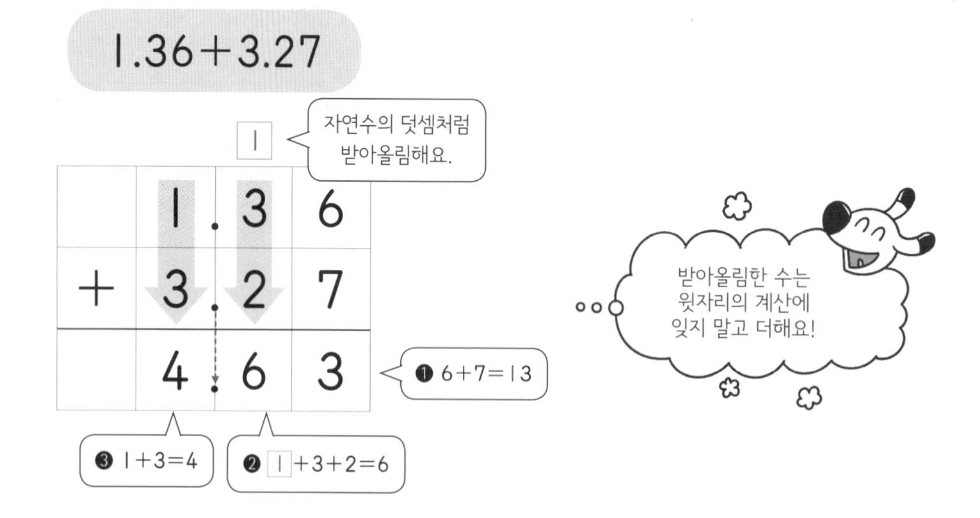

소수 둘째 자리부터 차례로 더해요~

계산해 보세요.

소수 둘째 → 소수 첫째 → 일의 자리 순서로 같은 자리 수끼리 더해 줘요.

계산 순서 ← (일, 소수 첫째, 소수 둘째)

받아올림이 있으면 작게 써 놓고 계산해야 실수하지 않아요.

❶ $0.14 + 0.34$ (소수점 콕!)

❷ $1.13 + 0.78$

❸ $0.28 + 3.64$

❹ $0.15 + 4.57$

❺ $2.48 + 1.05$

❻ $4.36 + 2.58$

❼ $7.35 + 0.66$ (주의! 받아올림이 두 번 있어요!)

❽ $6.96 + 2.35$

❾ $2.69 + 1.37$

❿ $5.05 + 3.46$

⓫ $1.27 + 5.18$

⓬ $4.31 + 3.95$

소수점끼리 맞추어 세로로 쓰고 계산한 값에
소수점을 찍는 것을 잊지 않도록 주의해요.

세로셈으로 나타내고 계산하세요.

① 0.63+0.25

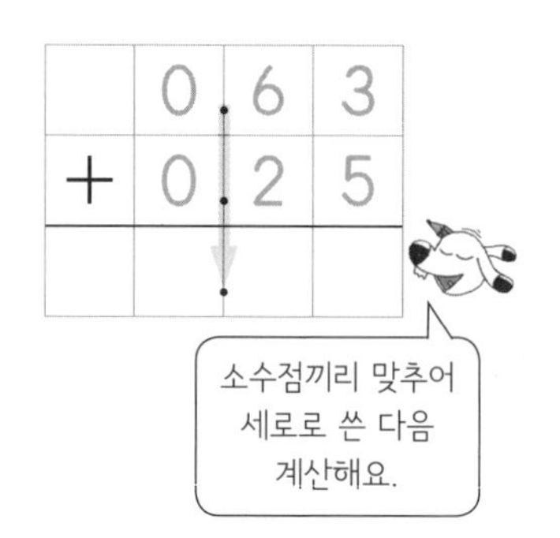

② 1.56+3.17

	1	.5	6
+	3	.1	7

③ 2.57+3.67

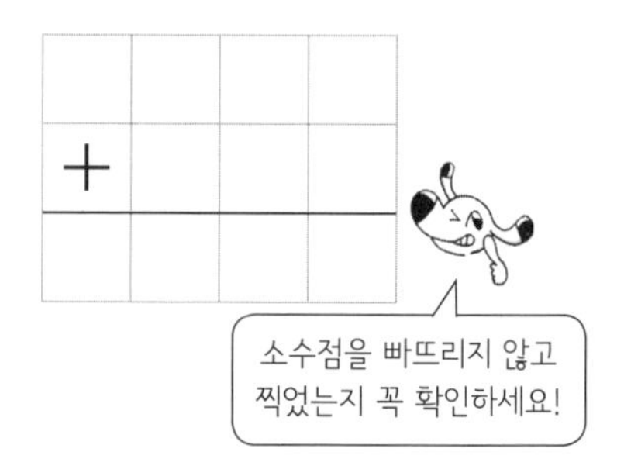

④ 1.83+5.09

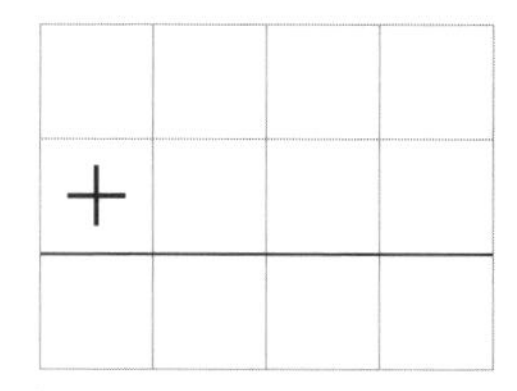

⑤ 4.62+4.73

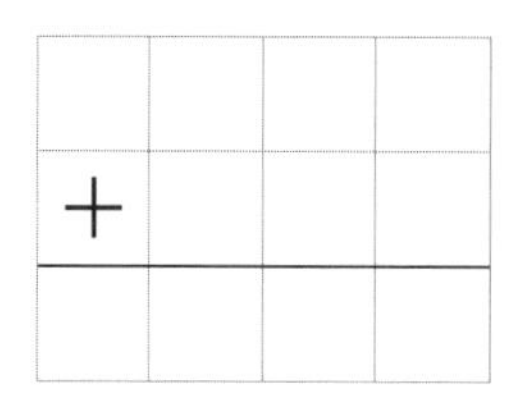

⑥ 1.82+7.36

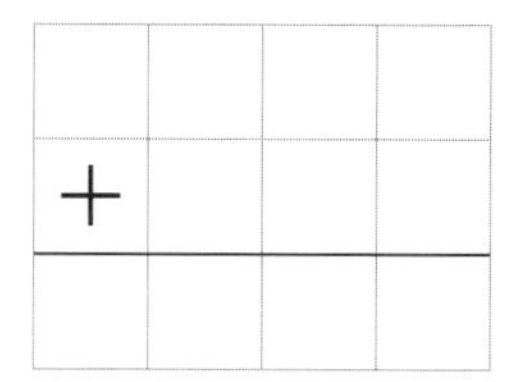

⑦ 3.47+0.39

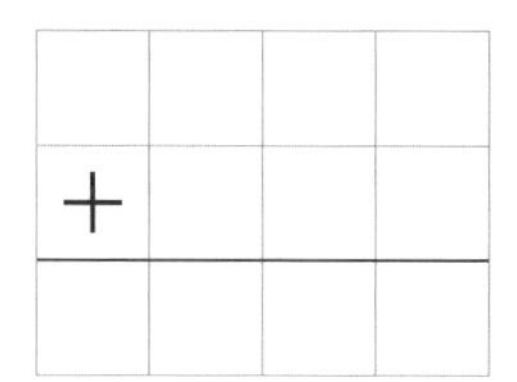

⑧ 5.91+1.53

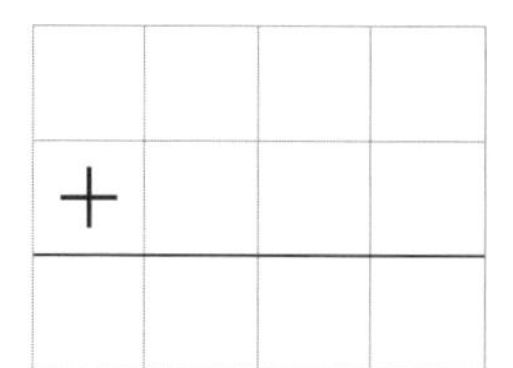

⑨ 3.89+2.62

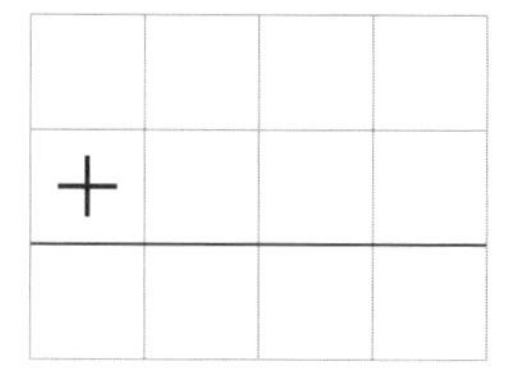

⑩ 3.52+1.96

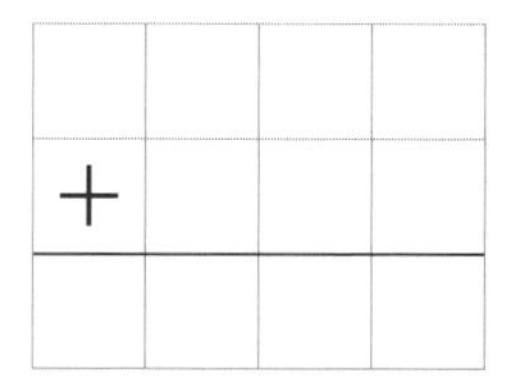

⑪ 6.27+0.84

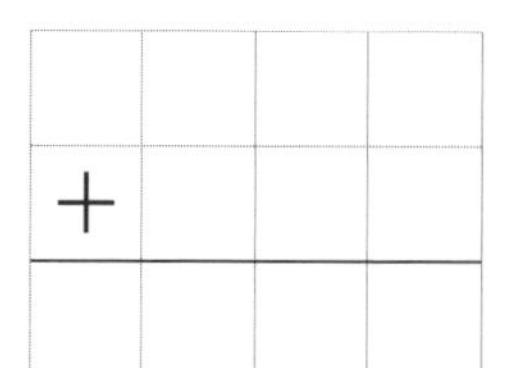

⑫ 5.76+1.98

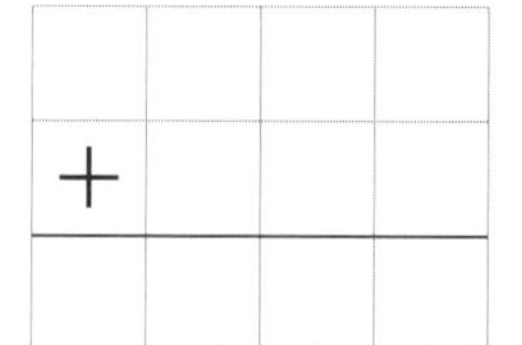

C

소수점끼리 맞추어 세로로 쓰고 계산한 값에
소수점을 찍는 것을 잊지 않도록 주의해요.

소수의 덧셈을 하세요.

❶ $0.35+0.28=$

❷ $2.38+0.46=$

❸ $6.87+0.18=$

❹ $1.39+8.27=$

❺ $1.67+4.15=$

❻ $3.08+2.94=$

❼ $4.56+4.75=$

❽ $5.07+2.69=$

❾ $2.38+5.56=$

❿ $7.39+1.38=$

⓫ $6.37+1.79=$

⓬ $8.32+1.68=$

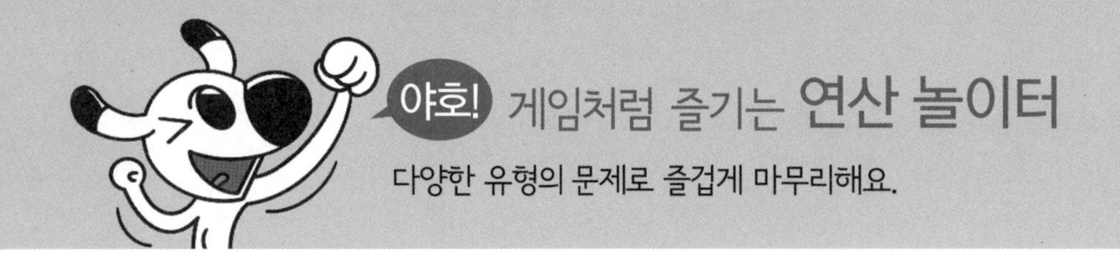

소수의 덧셈 결과가 바른 쪽을 따라 선을 이어 보세요.

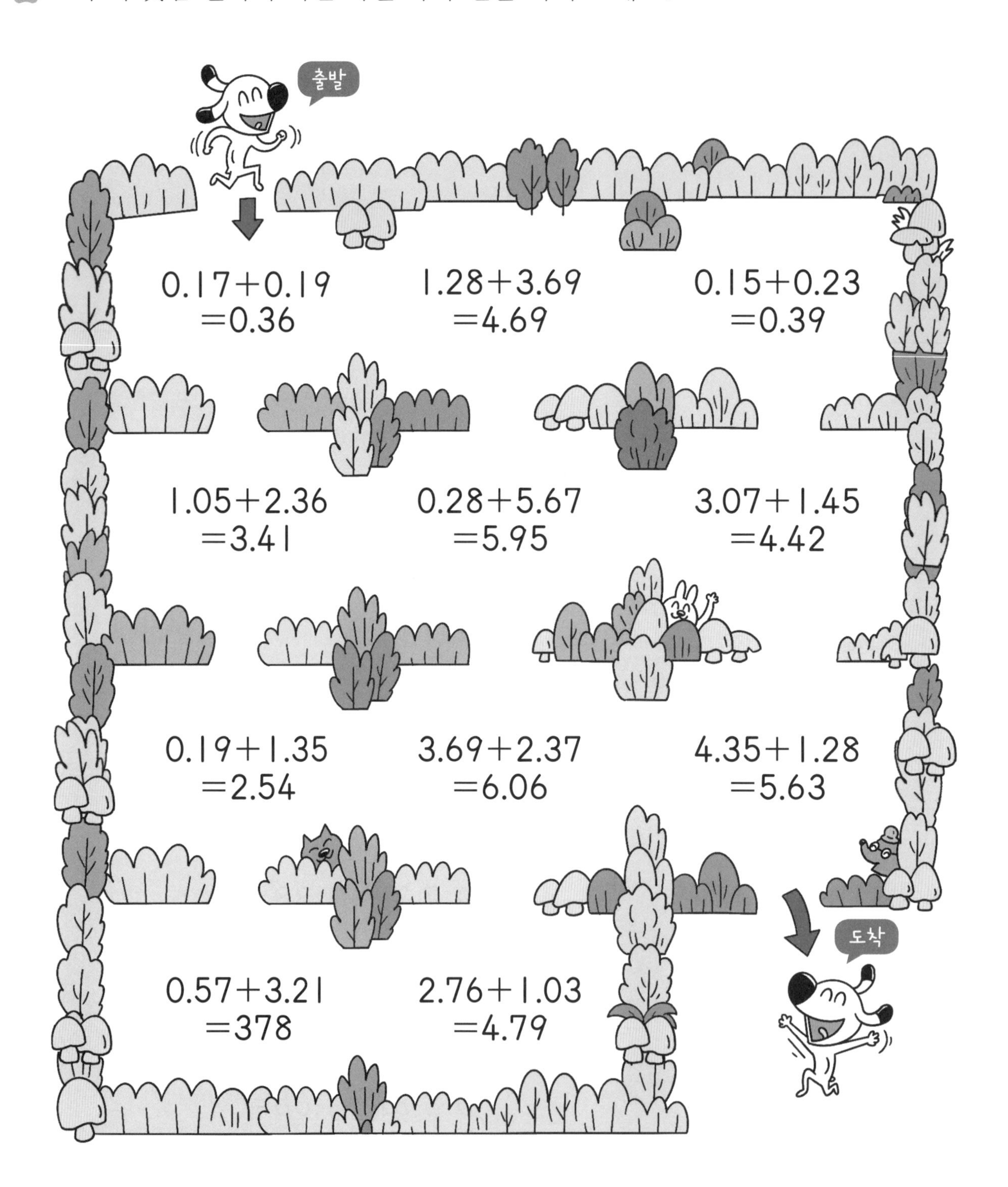

19

자릿수가 다른 소수의 덧셈

자릿수가 다르면 자릿수를 같게 맞추어 더하자

0.01의 개수를 이용하여 알아보기

소수 부분의 자릿수가 다를 때에는 소수의 오른쪽 끝자리 뒤에 0이 있다고 생각하여 자릿수를 같게 만든 다음 0.01의 개수를 생각해 봅니다.

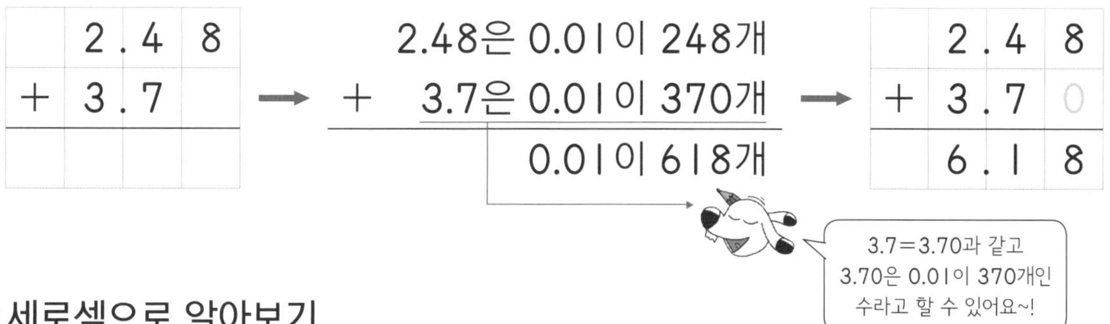

세로셈으로 알아보기

① 소수점끼리 맞추어 세로로 씁니다.

② 같은 자리 수끼리 더하고 소수점을 내려 찍습니다. 이때 같은 자리 수끼리 더하여 합이 10이거나 10보다 크면 바로 윗자리로 받아올림하여 계산합니다.

2.48+3.7

앗! 실수

- 자릿수가 다른 소수의 덧셈을 할 때에는 반드시 소수점을 기준으로 맞추어 써야 해요!

	1	.5	8
+	4	.3	
	5	.8	8

	1	.5	8
+		4	.3
	2	.0	1

자릿수가 다른 소수의 덧셈도 소수점끼리 맞추어 계산해요.
소수의 오른쪽 끝자리 뒤에 0을 붙이면 소수점의 위치를 맞추어 계산하기 쉬워요!

계산해 보세요.

(일 / 소수 첫째 / 소수 둘째)

0.6을 0.60으로 생각하고 각 자리에 맞추어 더해요.

① $\begin{array}{r} 0.14 \\ +\ 0.60 \\ \hline \end{array}$

② $\begin{array}{r} 0.42 \\ +\ 3.50 \\ \hline \end{array}$

③ $\begin{array}{r} 2.64 \\ +\ 3.10 \\ \hline \end{array}$

1.3을 1.30으로 생각할 수 있어요.

④ $\begin{array}{r} 2.37 \\ +\ 0.8 \\ \hline \end{array}$

⑤ $\begin{array}{r} 1.63 \\ +\ 1.4 \\ \hline \end{array}$

⑥ $\begin{array}{r} 1.30 \\ +\ 4.98 \\ \hline \end{array}$

⑦ $\begin{array}{r} 1.7 \\ +\ 4.53 \\ \hline \end{array}$

⑧ $\begin{array}{r} 5.9 \\ +\ 2.34 \\ \hline \end{array}$

⑨ $\begin{array}{r} 1.53 \\ +\ 3.8 \\ \hline \end{array}$

⑩ $\begin{array}{r} 3.8 \\ +\ 5.68 \\ \hline \end{array}$

⑪ $\begin{array}{r} 4.5 \\ +\ 2.69 \\ \hline \end{array}$

⑫ $\begin{array}{r} 7.3 \\ +\ 2.72 \\ \hline \end{array}$

먼저 소수점끼리 맞추어 세로로 쓰고,
같은 자리 수끼리 더해요!

세로셈으로 나타내고 계산하세요.

❶ 0.54+2.3

	0	5	4
+	2	3	0

❷ 1.92+5.7

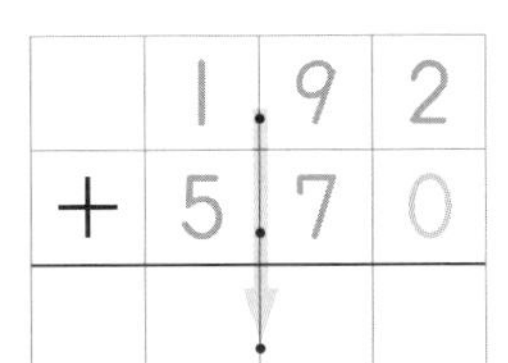

소수의 오른쪽 끝자리 뒤에 0을 붙여서 자리를 맞추어 써요!

❸ 3.84+4.3

❹ 2.9+0.42

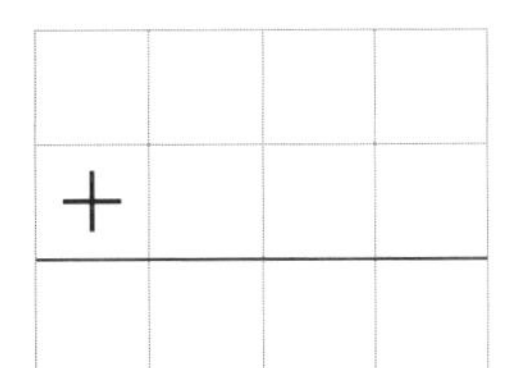

❺ 4.4+2.68

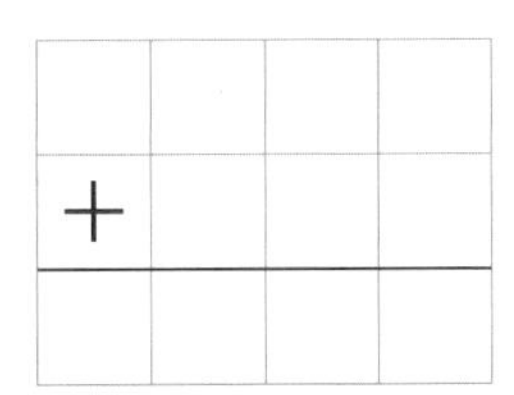

❻ 5.6+3.51

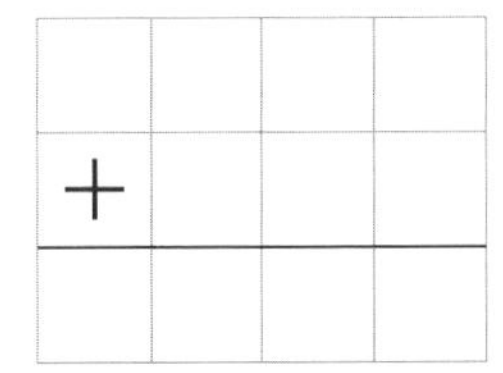

❼ 2.57+4.6

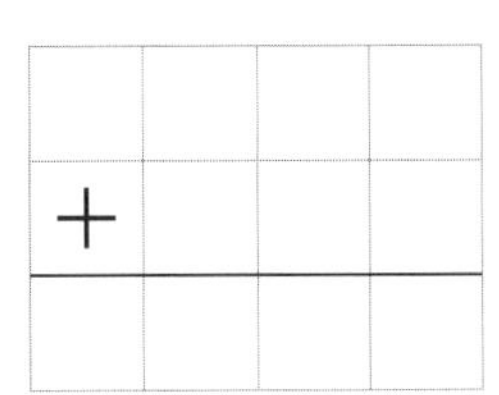

❽ 1.4+7.75

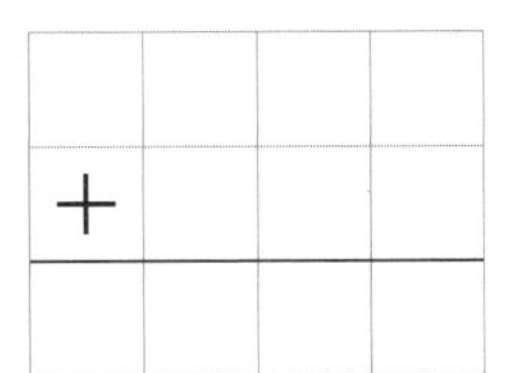

❾ 3.76+3.9

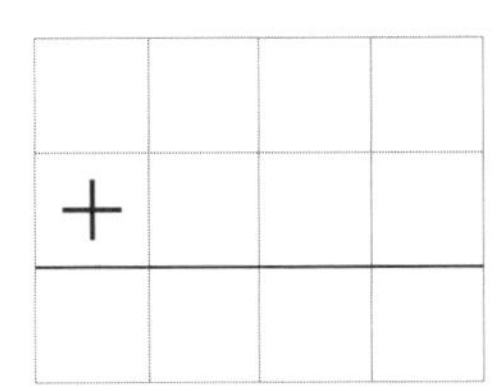

❿ 1.9+3.42

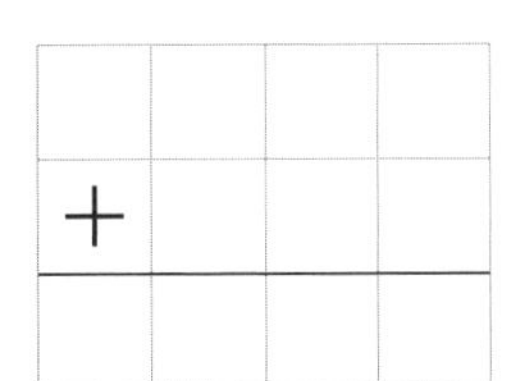

⓫ 6.92+1.3

⓬ 5.83+4.6

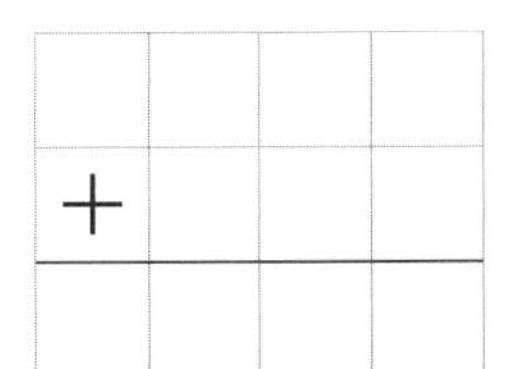

소수점끼리 맞추어 세로로 써서 계산하면
좀 더 쉽게 계산할 수 있어요!

소수의 덧셈을 하세요.

0.7을 0.70으로 생각하고 소수점끼리 맞추어 같은 자리 수끼리 더해요.

❶ $1.28+0.7=$

❷ $3.9+4.72=$

❸ $2.4+3.85=$

❹ $6.89+2.6=$

❺ $4.37+0.9=$

❻ $3.64+6.9=$

❼ $1.6+2.73=$

❽ $7.8+1.78=$

❾ $3.86+5.2=$

❿ $3.9+8.69=$

⓫ $4.6+2.51=$

⓬ $8.3+5.84=$

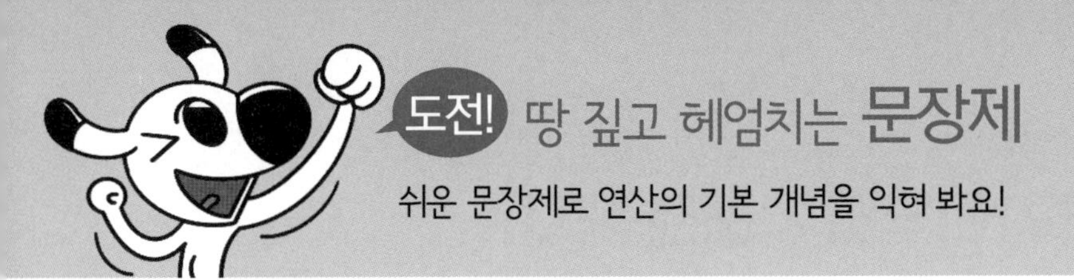

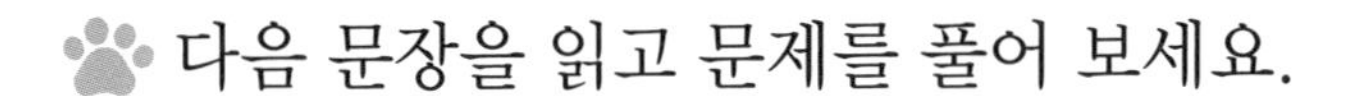
다음 문장을 읽고 문제를 풀어 보세요.

❶ 딸기밭에서 딸기를 현주는 2.87 kg, 선주는 1.9 kg 땄습니다. 현주와 선주가 딴 딸기는 모두 몇 kg일까요?

____

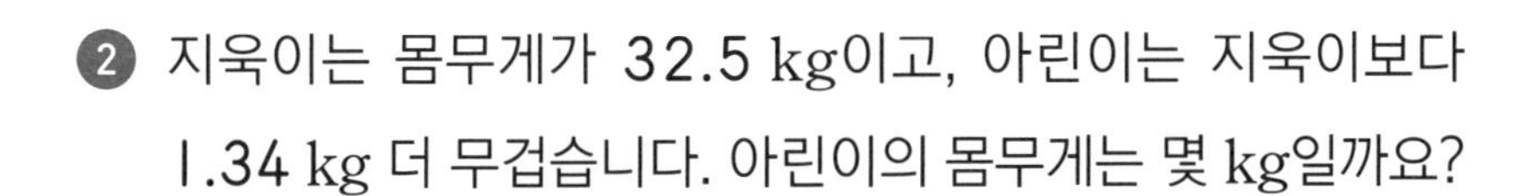
❷ 지욱이는 몸무게가 32.5 kg이고, 아린이는 지욱이보다 1.34 kg 더 무겁습니다. 아린이의 몸무게는 몇 kg일까요?

____

❸ 물 2.98 L가 들어 있는 냄비에 1.4 L의 물을 더 부었습니다. 냄비에 들어 있는 물은 모두 몇 L일까요?

____

❹ 영미는 오늘 1.55 km를 달렸고, 어진이는 영미보다 0.7 km 더 달렸습니다. 어진이가 달린 거리는 몇 km일까요?

____

소수 두 자리 수의 뺄셈

소수 둘째 자리부터 차례로 빼자

0.01의 개수를 이용하여 알아보기

세로셈으로 알아보기

① 소수점끼리 맞추어 세로로 씁니다.

② 같은 자리 수끼리 빼고 소수점을 내려 찍습니다. 이때 같은 수끼리 뺄 수 없으면 바로 윗자리에서 받아내림하여 계산합니다.

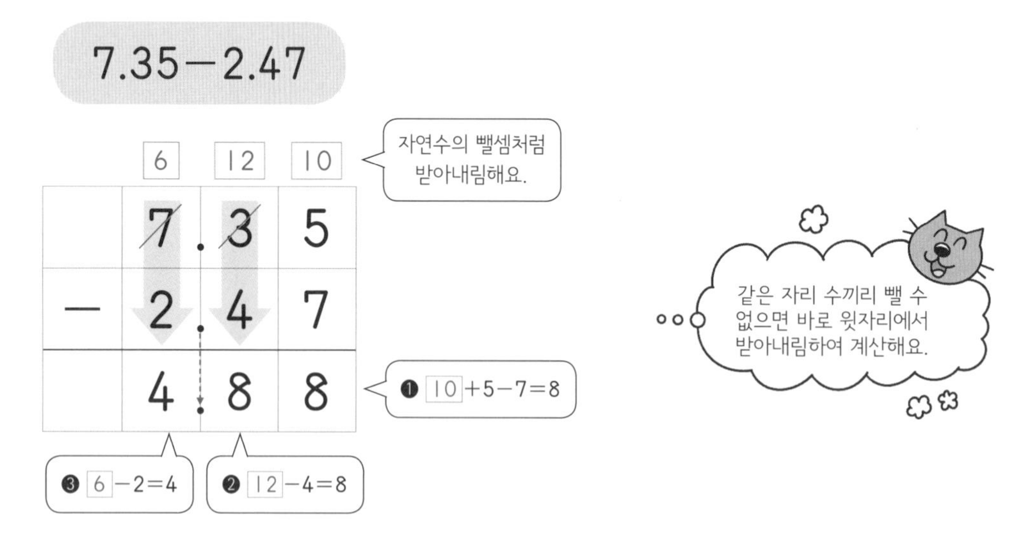

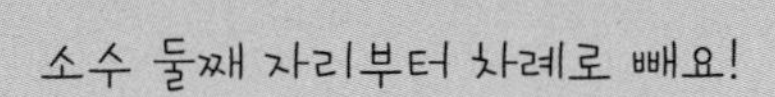

계산해 보세요.

계산 순서 ←

소수 둘째 → 소수 첫째 → 일의 자리 순서로 같은 자리 수끼리 빼 줘요.

소수점 콕!

번호	일	소수 첫째	소수 둘째
①	0	8	7
−	0	3	5
	.		

번호	일	소수 첫째	소수 둘째
②	1	6	4
−	0	8	7
	.		

번호	일	소수 첫째	소수 둘째
③	7	5	8
−	4	2	3
	.		

④ $9.64 - 3.28$

⑤ $5.53 - 2.09$

⑥ $4.36 - 2.88$

⑦ $7.05 - 0.66$

⑧ $6.92 - 2.35$

⑨ $3.69 - 1.37$

⑩ $7.32 - 3.95$

⑪ $8.37 - 5.19$

⑫ $8.05 - 3.28$

소수점끼리 맞추어 세로로 쓰고 계산한 값에
소수점을 찍는 것을 잊지 않도록 주의해요.

세로셈으로 나타내고 계산하세요.

❶ 0.97−0.36

❷ 7.45−3.18

❸ 7.51−3.65

❹ 7.82−5.16

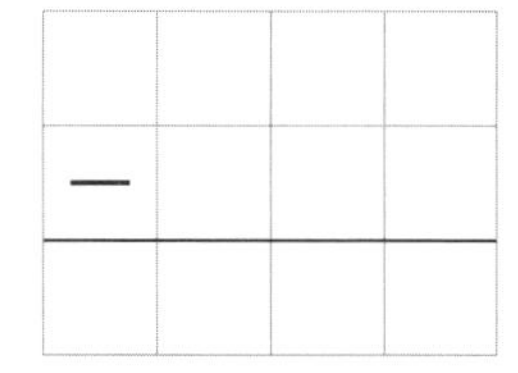

❺ 8.63−4.78

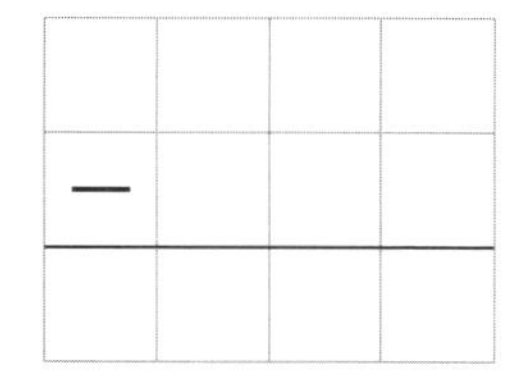

❻ 9.81−7.37

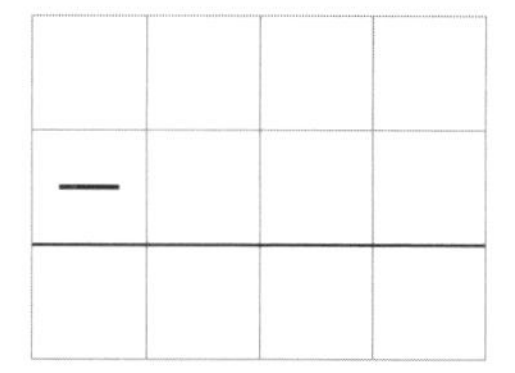

❼ 5.42−0.38

❽ 6.91−3.59

❾ 6.82−3.63

❿ 5.53−1.94

⓫ 9.23−1.86

⓬ 6.73−1.95

소수점끼리 맞추어 세로로 쓰고 계산한 값에
소수점을 찍는 것을 잊지 않도록 주의해요.

소수의 뺄셈을 하세요.

❶ $5.35-1.27=$

❷ $4.56-2.77=$

❸ $6.82-1.19=$

❹ $5.33-2.25=$

❺ $8.63-4.16=$

❻ $5.02-2.93=$

❼ $7.02-3.45=$

❽ $6.04-3.65=$

❾ $8.36-5.57=$

❿ $5.32-2.78=$

⓫ $4.33-1.68=$

⓬ $7.34-1.36=$

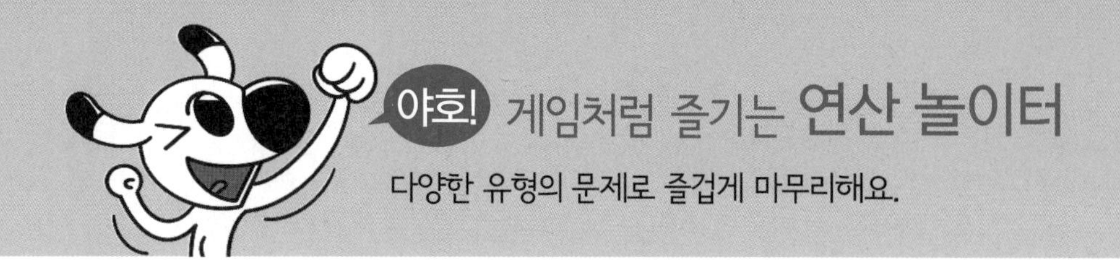

택배 상자에 적힌 소수의 뺄셈의 결과가 배달할 집 호수입니다. 택배 상자와 배달할 집을 선으로 잇고, 남은 택배를 배달할 집 호수를 빈 곳에 써넣으세요.

21

자릿수가 다른 소수의 뺄셈

자릿수가 다르면 자릿수를 같게 맞추어 빼자

0.01의 개수를 이용하여 알아보기

소수 부분의 자릿수가 다를 때에는 소수의 오른쪽 끝자리 뒤에 0이 있다고 생각하여 자릿수를 같게 만든 다음 0.01의 개수를 생각해 봅니다.

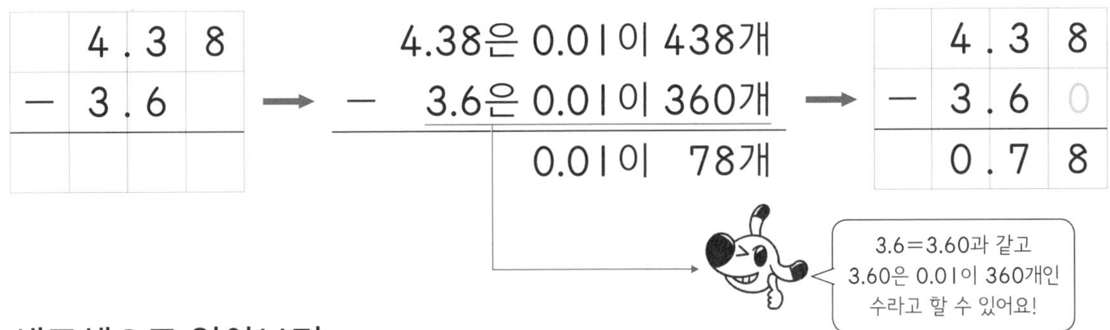

세로셈으로 알아보기

① 소수점끼리 맞추어 세로로 씁니다.

② 같은 자리 수끼리 빼고 소수점을 내려 찍습니다. 이때 같은 자리 수끼리 뺄 수 없으면 바로 윗자리에서 받아내림하여 계산합니다.

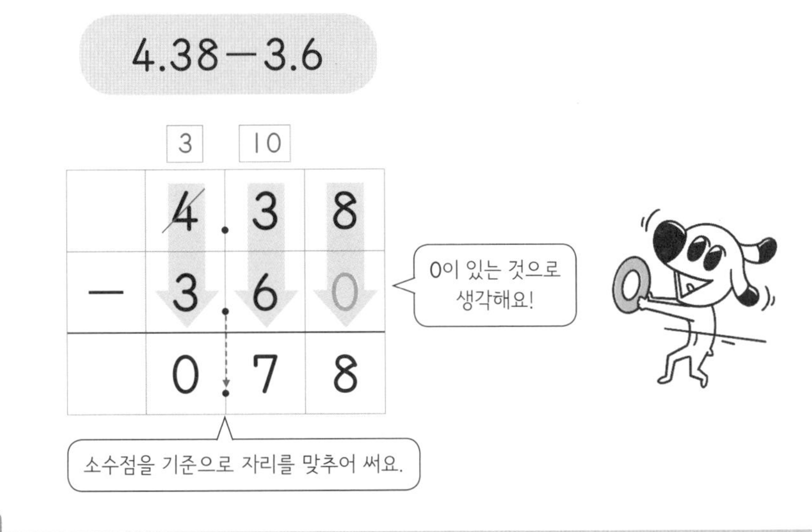

• 자릿수가 다른 소수의 뺄셈을 할 때에는 반드시 소수점을 기준으로 맞추어 써야 해요!

자릿수가 다른 소수의 덧셈처럼 자릿수가 다른 소수의 뺄셈도
소수의 오른쪽 끝자리 뒤에 0을 붙여 계산하면 좀 더 쉬워요!

계산해 보세요.

(일 / 소수 첫째 / 소수 둘째)

0.5를 0.50으로 생각하고 각 자리에 맞추어 빼요.

❶ $0.84 - 0.50 = $

❷ $6.43 - 3.80 = $

❸ $7.62 - 3.30 = $

자릿수가 적은 소수의 오른쪽 끝자리 뒤에 0을 써서 자릿수를 같게 만들어요.

❹ $2.36 - 0.9 = $

❺ $4.62 - 1.4 = $

❻ $9.30 - 4.68 = $

❼ $5.7 - 2.56 = $

❽ $5.9 - 2.35 = $

❾ $7.53 - 4.8 = $

❿ $7.8 - 5.28 = $

⓫ $4.7 - 3.69 = $

⓬ $7.2 - 1.76 = $

먼저 소수점끼리 맞추어 세로로 쓰고,
같은 자리 수끼리 빼요!

세로셈으로 나타내고 계산하세요.

❶ $8.51-2.4$

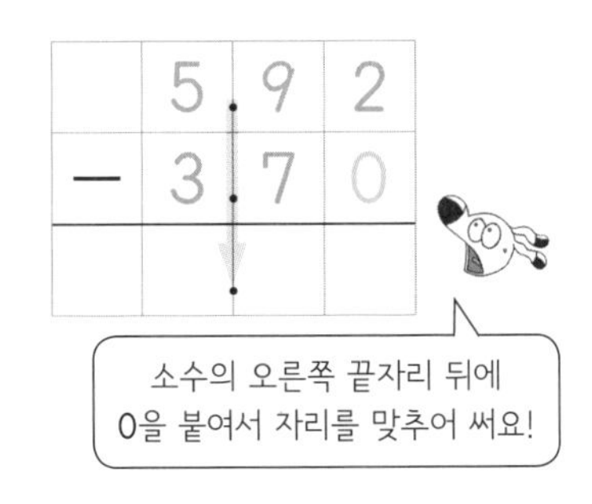

❷ $5.92-3.7$

❸ $6.82-4.4$

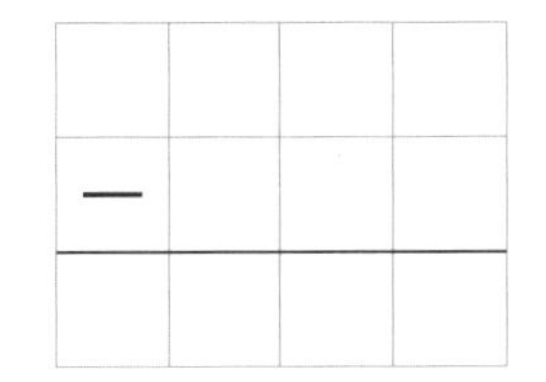

❹ $9.8-4.45$

❺ $5.4-2.67$

❻ $7.2-4.56$

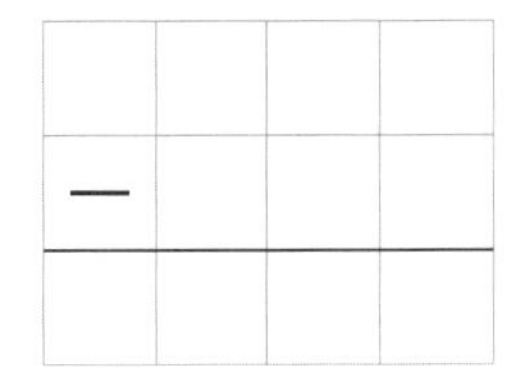

❼ $8.53-4.7$

❽ $9.4-5.78$

❾ $6.51-3.6$

❿ $4.9-2.46$

⓫ $6.02-4.6$

⓬ $7.31-4.8$

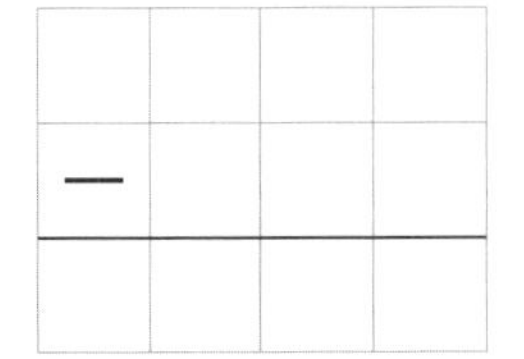

소수점끼리 맞추어 세로로 쓰고 계산한 값에
소수점을 찍는 것을 잊지 않도록 주의해요.

소수의 뺄셈을 하세요.

0.9를 0.90으로 생각하고 소수점끼리 맞추어 같은 자리 수끼리 빼요.

❶ $3.28-0.9=$

❷ $4.9-2.72=$

❸ $8.4-3.72=$

❹ $6.81-3.6=$

❺ $5.37-1.9=$

❻ $9.64-6.8=$

❼ $4.6-1.75=$

❽ $7.2-1.64=$

❾ $6.81-4.9=$

❿ $9.3-6.56=$

⓫ $7.6-4.83=$

⓬ $8.3-2.71=$

도전! 땅 짚고 헤엄치는 문장제

쉬운 문장제로 연산의 기본 개념을 익혀 봐요!

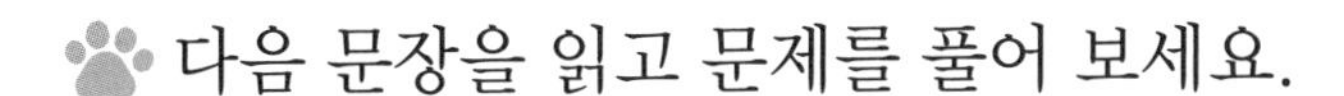

다음 문장을 읽고 문제를 풀어 보세요.

❶ 과수원에서 사과를 준식이는 6.74 kg, 선영이는 5.9 kg 땄습니다. 준식이는 선영이보다 몇 kg 더 많이 땄을까요?

____

❷ 냉장고에 물이 3.19 L, 우유가 1.5 L 들어 있습니다. 물은 우유보다 몇 L 더 많을까요?

____

❸ 들이가 6.3 L인 물병에 물이 2.54 L만큼 들어 있습니다. 이 물병을 가득 채우려면 물을 몇 L 더 부어야 할까요?

____

❹ 책이 들어 있는 상자의 무게는 9.14 kg입니다. 빈 상자의 무게가 0.6 kg이라면 상자에 들어 있는 책의 무게는 몇 kg일까요?

____

(상자에 들어 있는 책의 무게)
=(책이 들어 있는 상자의 무게)
−(빈 상자의 무게)

소수의 덧셈과 뺄셈 종합문제

소수의 덧셈을 하세요.

자연수의 덧셈처럼
계산한 다음 소수점을 콕!

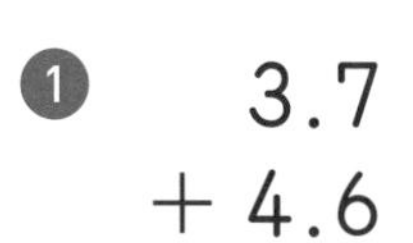

❶ $3.7 + 4.6$

❷ $3.24 + 1.89$

❸ $6.91 + 3.2$

❹ $15.1 + 0.7$

❺ $4.57 + 2.48$

❻ $5.3 + 2.86$

❼ $1.9 + 26.8$

❽ $2.98 + 6.75$

❾ $3.7 + 2.57$

❿ $2.64 + 3.45$

⓫ $6.98 + 1.65$

⓬ $6.59 + 2.6$

⓭ $4.53 + 1.29$

⓮ $3.8 + 5.86$

⓯ $9.53 + 1.8$

소수의 뺄셈을 하세요.

자연수의 뺄셈처럼
계산한 다음 소수점을 콕!

❶ $\begin{array}{r} 7.7 \\ -\ 4.8 \\ \hline \end{array}$

❷ $\begin{array}{r} 4.36 \\ -\ 1.87 \\ \hline \end{array}$

❸ $\begin{array}{r} 5.64 \\ -\ 3.5 \\ \hline \end{array}$

❹ $\begin{array}{r} 11.3 \\ -\ 0.6 \\ \hline \end{array}$

❺ $\begin{array}{r} 5.53 \\ -\ 3.46 \\ \hline \end{array}$

❻ $\begin{array}{r} 6.4 \\ -\ 1.71 \\ \hline \end{array}$

❼ $\begin{array}{r} 53.9 \\ -\ 26.5 \\ \hline \end{array}$

❽ $\begin{array}{r} 8.92 \\ -\ 6.73 \\ \hline \end{array}$

❾ $\begin{array}{r} 5.4 \\ -\ 2.86 \\ \hline \end{array}$

❿ $\begin{array}{r} 4.53 \\ -\ 3.94 \\ \hline \end{array}$

⓫ $\begin{array}{r} 7.57 \\ -\ 4.62 \\ \hline \end{array}$

⓬ $\begin{array}{r} 9.43 \\ -\ 2.67 \\ \hline \end{array}$

⓭ $\begin{array}{r} 6.42 \\ -\ 3.29 \\ \hline \end{array}$

⓮ $\begin{array}{r} 8.5 \\ -\ 5.94 \\ \hline \end{array}$

⓯ $\begin{array}{r} 7.21 \\ -\ 1.67 \\ \hline \end{array}$

소수의 덧셈과 뺄셈을 하세요.

❶ $5.2+1.8=$

❷ $1.94-0.9=$

❸ $7.4+3.61=$

❹ $2.65-1.8=$

❺ $6.4-3.29=$

❻ $7.3+3.38=$

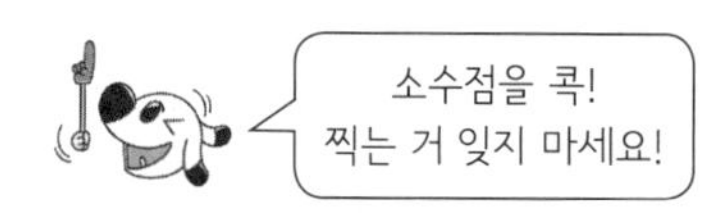

❼ $7.01-2.16=$

❽ $8.1-4.53=$

❾ $7.49+5.4=$

❿ $6.13-2.4=$

⓫ $4.94+5.07=$

⓬ $9.25-3.27=$

빈칸에 알맞은 수를 써넣으세요.

❶
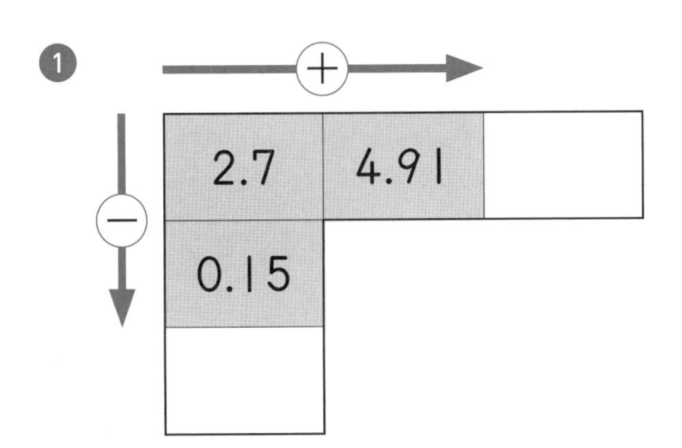

❷
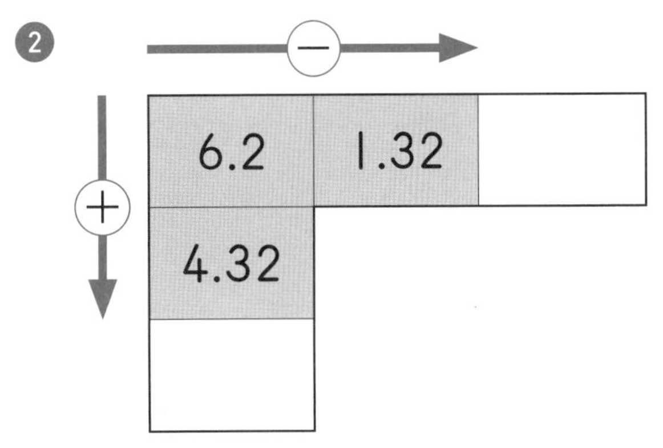

❸
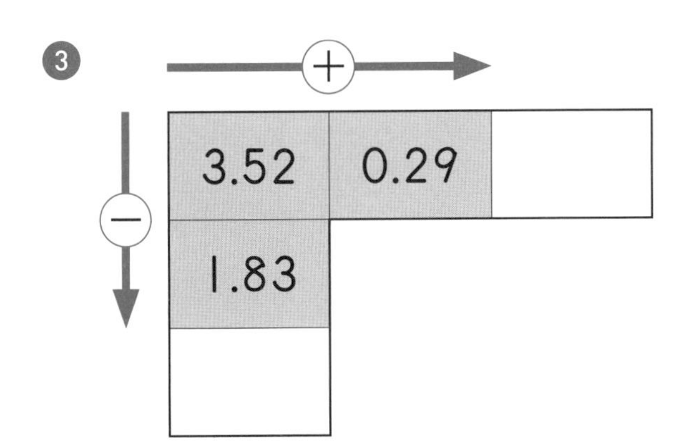

❹
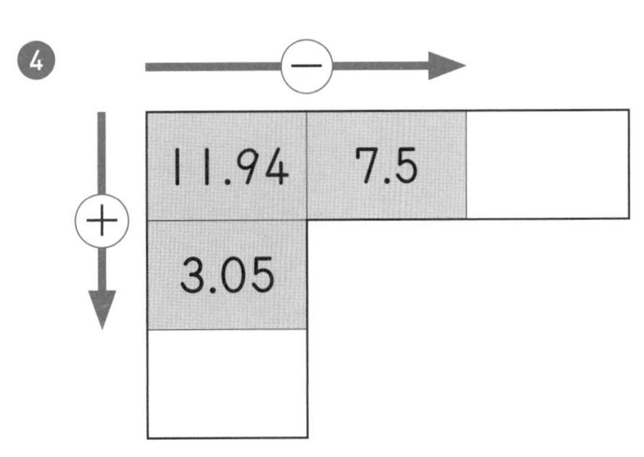

❺
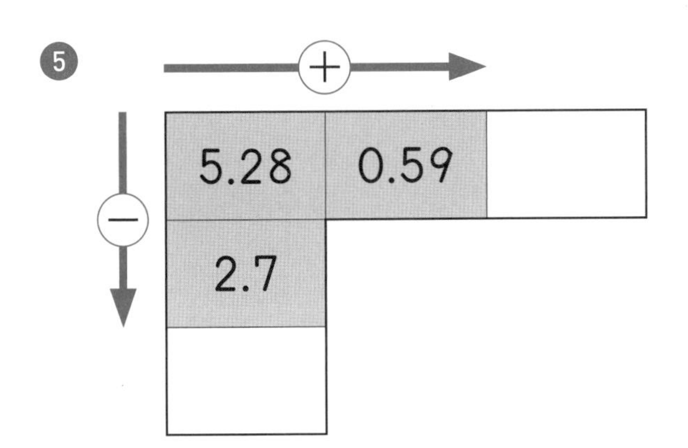

❻
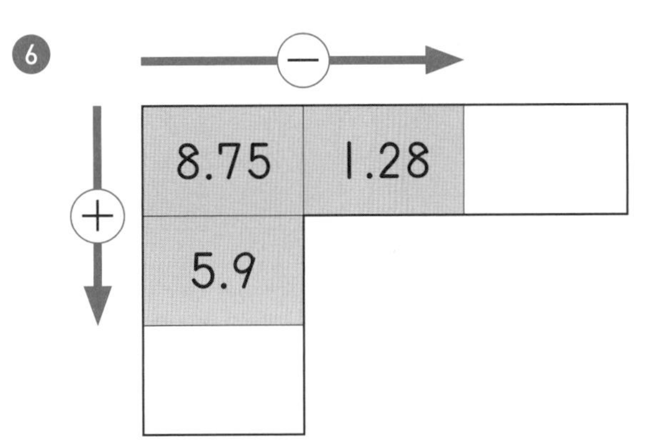

동물들이 숨바꼭질을 하고 있습니다. 사자, 여우, 곰이 숨은 곳에 알맞은 계산 결과를 ▢ 안에 써넣으세요.

계산 결과가 5보다 큰 길을 따라가면 쁘냥이가 생선을 먹을 수 있습니다. 쁘냥이가 생선을 먹을 수 있도록 알맞게 길을 찾아 주세요.

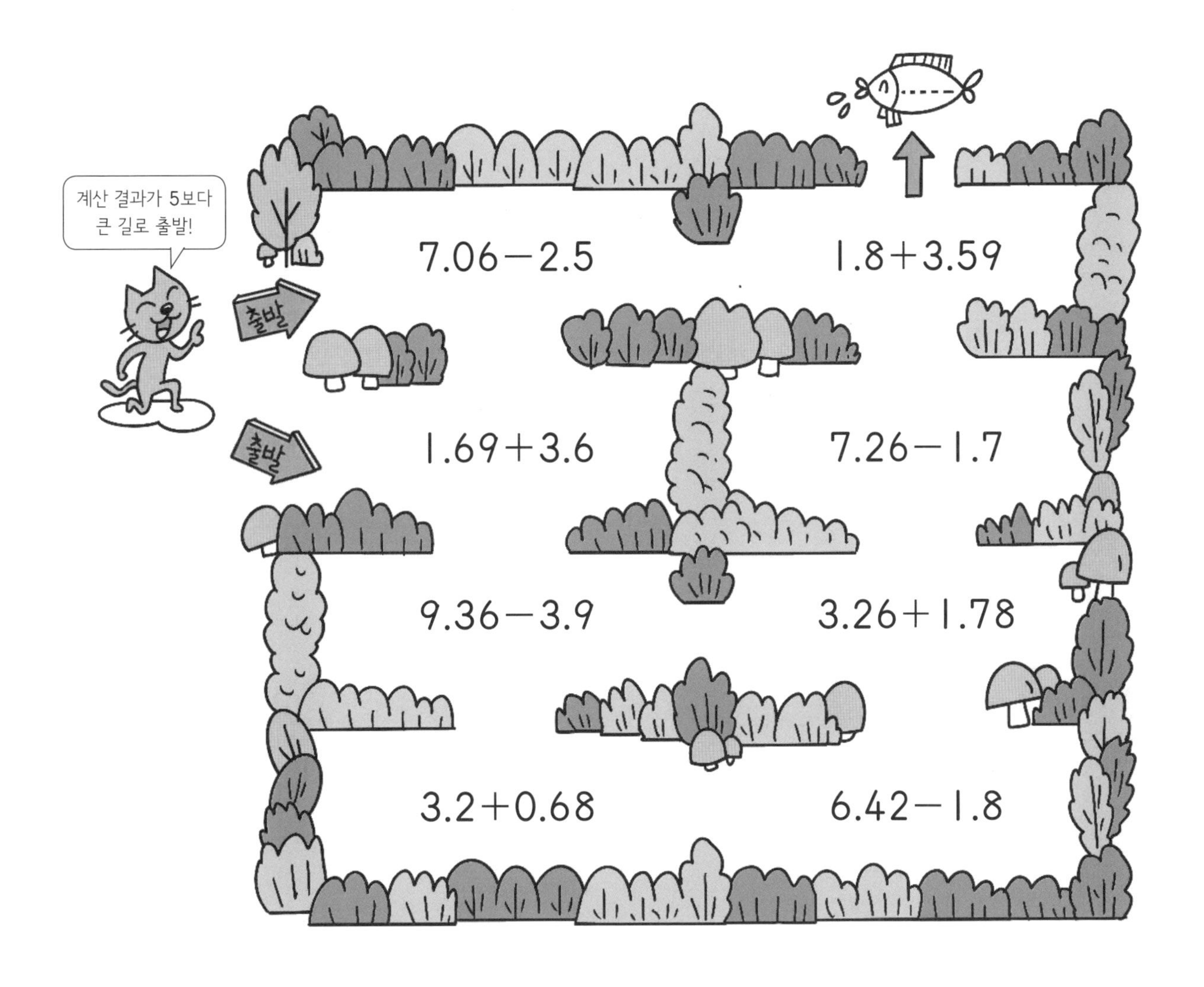

이제 소수의 계산도 자신있게 풀 수 있겠죠?
틀린 문제들을 꼭 확인하고 넘어가야
실수를 줄일 수 있어요!

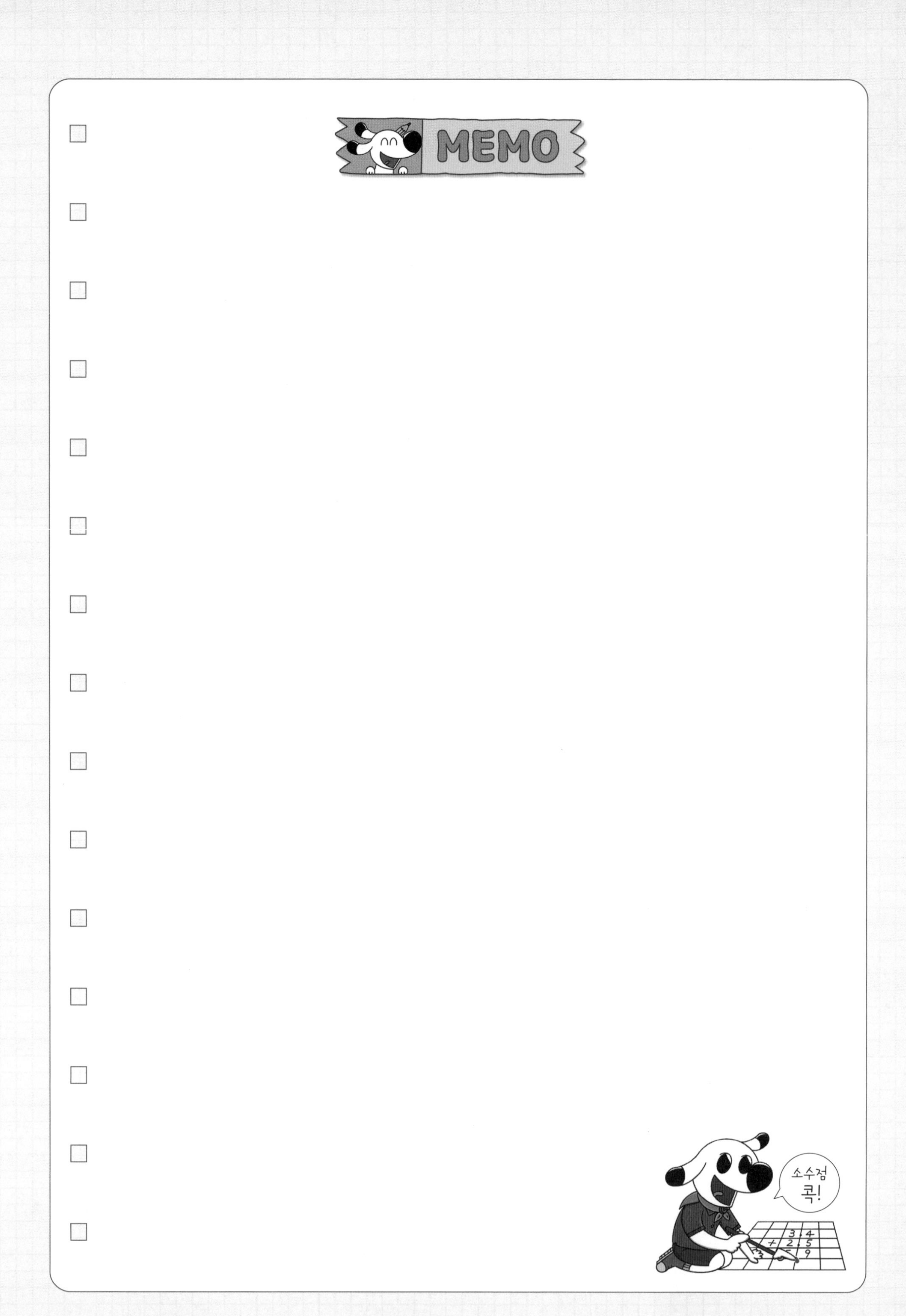
MEMO
소수점
콕!

초등 수학 공부, 이렇게 하면 효과적!

“펑펑 내려야 눈이 쌓이듯 공부도 집중해야 실력이 쌓인다!”

학교 다닐 때는? 학기별 연산책 ‘바빠 교과서 연산’

‘바빠 교과서 연산’부터 시작하세요. 학기별 진도에 딱 맞춘 쉬운 연산 책이니까요! 방학 동안 다음 학기 선행을 준비할 때도 ‘바빠 교과서 연산’으로 시작하세요! 교과서 순서대로 빠르게 공부할 수 있어, 첫 번째 수학 책으로 추천합니다.

시험이나 서술형 대비는? ‘나 혼자 푼다! 수학 문장제’

학교 시험을 대비하고 싶다면 ‘나 혼자 푼다! 수학 문장제’로 공부하세요. 너무 어렵지도 쉽지도 않은 딱 적당한 난이도로, 빈칸을 채우면 풀이 과정이 완성됩니다! 막막하지 않아요~ 요즘 학교 시험 풀이 과정을 손쉽게 연습할 수 있습니다.

방학 때는? 10일 완성 영역별 연산책 ‘바빠 연산법’

내가 부족한 영역만 골라 보충할 수 있어요! 예를 들어 4학년인데 나눗셈이 어렵다면 나눗셈만, 분수가 어렵다면 분수만 골라 훈련하세요. 방학 때나 학습 결손이 생겼을 때, 취약한 연산 구멍을 빠르게 메꿀 수 있어요!

바빠 연산 영역 :
덧셈, 뺄셈, 구구단, 시계와 시간, 길이와 시간 계산, 곱셈, 나눗셈, 약수와 배수, 분수, 소수, 자연수의 혼합 계산, 분수와 소수의 혼합 계산, 평면도형 계산, 입체도형 계산, 비와 비례, 방정식, 확률과 통계

바빠 시리즈 초등 학년별 추천 도서

학년	학기별 연산책 바빠 교과서 연산 학기 중, 선행용으로 추천!	나 혼자 푼다! 수학 문장제 학교 시험 서술형 완벽 대비!
1학년	· 바쁜 1학년을 위한 빠른 교과서 연산 1-1 · 바쁜 1학년을 위한 빠른 교과서 연산 1-2	· 나 혼자 푼다! 수학 문장제 1-1 · 나 혼자 푼다! 수학 문장제 1-2
2학년	· 바쁜 2학년을 위한 빠른 교과서 연산 2-1 · 바쁜 2학년을 위한 빠른 교과서 연산 2-2	· 나 혼자 푼다! 수학 문장제 2-1 · 나 혼자 푼다! 수학 문장제 2-2
3학년	· 바쁜 3학년을 위한 빠른 교과서 연산 3-1 · 바쁜 3학년을 위한 빠른 교과서 연산 3-2	· 나 혼자 푼다! 수학 문장제 3-1 · 나 혼자 푼다! 수학 문장제 3-2
4학년	· 바쁜 4학년을 위한 빠른 교과서 연산 4-1 · 바쁜 4학년을 위한 빠른 교과서 연산 4-2	· 나 혼자 푼다! 수학 문장제 4-1 · 나 혼자 푼다! 수학 문장제 4-2
5학년	· 바쁜 5학년을 위한 빠른 교과서 연산 5-1 · 바쁜 5학년을 위한 빠른 교과서 연산 5-2	· 나 혼자 푼다! 수학 문장제 5-1 · 나 혼자 푼다! 수학 문장제 5-2
6학년	· 바쁜 6학년을 위한 빠른 교과서 연산 6-1 · 바쁜 6학년을 위한 빠른 교과서 연산 6-2	· 나 혼자 푼다! 수학 문장제 6-1 · 나 혼자 푼다! 수학 문장제 6-2

10일에 완성하는 영역별 연산 총정리

징검다리 교육연구소, 이상숙 지음

바쁜 3·4학년을 위한 빠른 소수

정답 및 풀이

한 권으로 총정리!

- 소수 알아보기
- 소수 사이의 관계
- 소수의 덧셈과 뺄셈

4학년 필독서

이지스에듀

개념 이해부터
연산 훈련까지!
0.2
3.4
+ 2.5
9

바쁜 3·4학년을 위한 빠른 소수

정답

① 정답을 확인한 후 틀린 문제는 ☆표를 쳐 놓으세요~.
② 그런 다음 연습장에 틀린 문제를 옮겨 적으세요.
③ 그리고 그 문제들만 한 번 더 풀어 보세요.

시간은 얼마 걸리지 않아요. 그러나 이때 실력이 확 붙는 거예요.
아는 문제를 여러 번 다시 푸는 건 시간 낭비예요.
내가 틀린 문제만 모아서 풀면 아무리 바쁘더라도
수학 실력을 키울 수 있어요!

비결은
간단해!

01

01단계 A　15쪽

① $\frac{2}{10}$, 0.2　② $\frac{3}{10}$, 0.3
③ $\frac{4}{10}$, 0.4　④ $\frac{5}{10}$, 0.5
⑤ $\frac{6}{10}$, 0.6　⑥ $\frac{7}{10}$, 0.7
⑦ $\frac{8}{10}$, 0.8　⑧ $\frac{9}{10}$, 0.9

01단계 B　16쪽

① 0.1　② 0.3　③ 0.6
④ $\frac{4}{10}$　⑤ 0.2　⑥ 0.5
⑦ $\frac{6}{10}$　⑧ $\frac{3}{10}$　⑨ 0.8
⑩ $\frac{7}{10}$　⑪ $\frac{9}{10}$

01단계 야호! 게임처럼 즐기는 연산 놀이터　17쪽

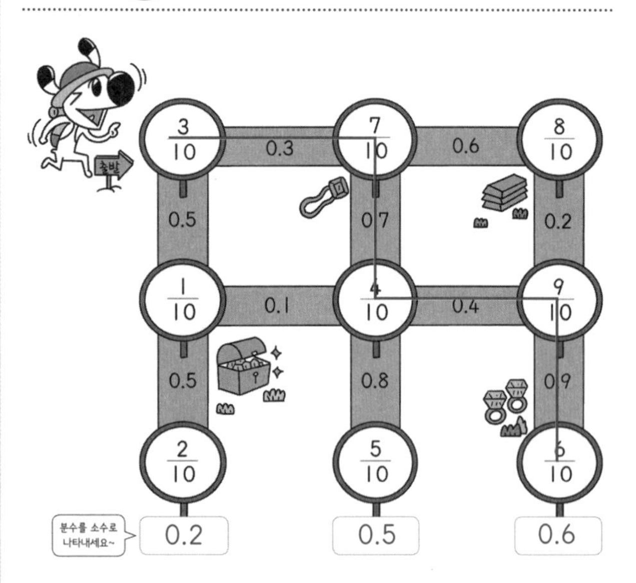

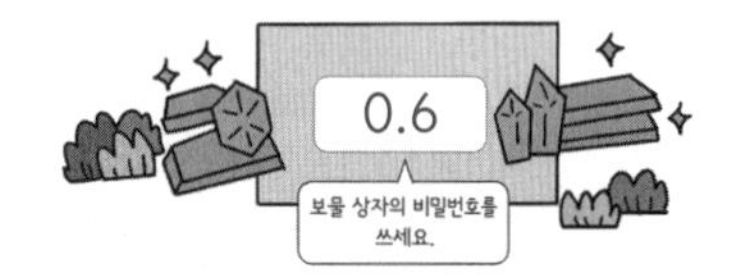

02

02단계 A　19쪽

① 1.9, 일 점 구　② 2.7, 이 점 칠
③ 3.3, 삼 점 삼　④ 5.4, 오 점 사
⑤ 11.1, 십일 점 일　⑥ 21.2, 이십일 점 이
⑦ 18.6, 십팔 점 육　⑧ 30.1, 삼십 점 일

02단계 B　20쪽

① 1.1　② 2.5　③ 1.7
④ 4.7　⑤ 2.1　⑥ 5.5
⑦ 4　⑧ 6　⑨ 3.4
⑩ 7.2　⑪ 3.8　⑫ 8.9

02단계 C　21쪽

① 3.4　② 4.5　③ 5.2
④ 5.7　⑤ 6.4　⑥ 6.8

02단계 도전! 땅 짚고 헤엄치는 문장제　22쪽

① 6.2　② 95개　③ 4.5 cm
④ 3.4 cm　⑤ 1.6 cm

③ (이어 붙인 색 테이프의 전체 길이)
=4 cm+5 mm=4 cm+0.5 cm
=4.5 cm

④ (클립의 길이)=34 mm
=30 mm+4 mm
=3 cm+0.4 cm
=3.4 cm

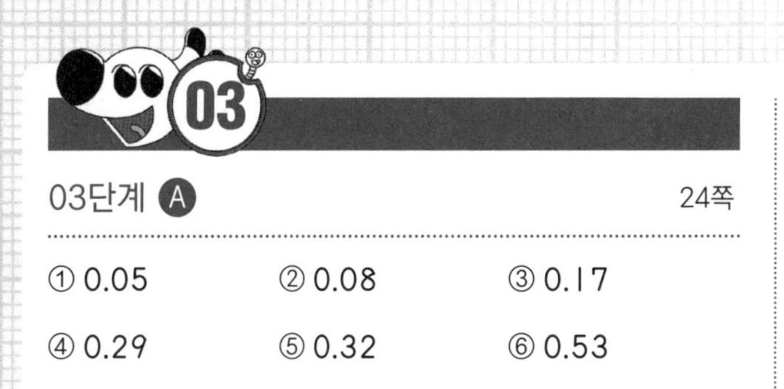

03단계 A 24쪽

① 0.05 ② 0.08 ③ 0.17
④ 0.29 ⑤ 0.32 ⑥ 0.53

03단계 B 25쪽

① 0.13 ② 0.58 ③ 0.18
④ 0.74 ⑤ 0.35 ⑥ 0.31
⑦ 0.28 ⑧ 0.99 ⑨ 0.65
⑩ 0.8 ⑪ 0.7

03단계 야호! 게임처럼 즐기는 연산 놀이터 26쪽

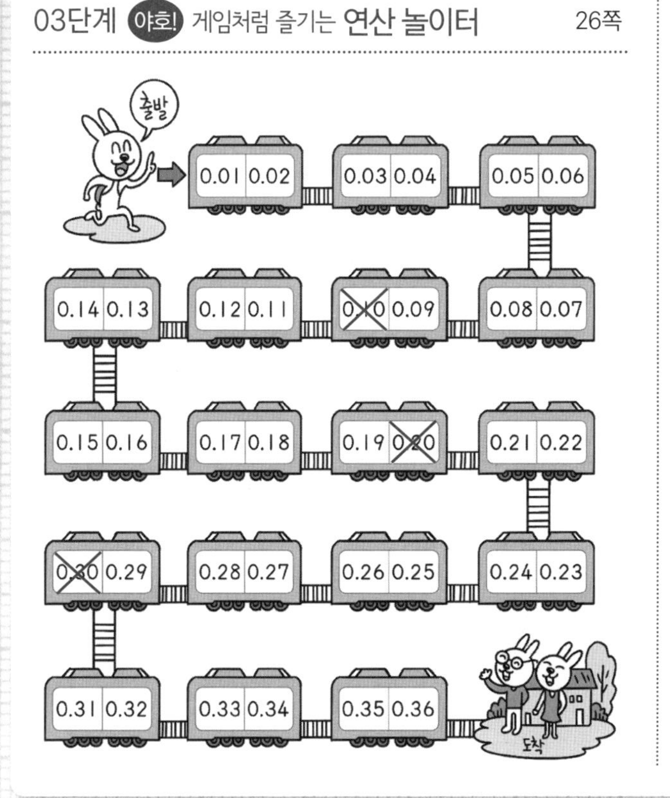

04

04단계 A 28쪽

① 2.56 ② 3.23 ③ 5.67
④ 6.14 ⑤ 8.38 ⑥ 9.45

04단계 B 29쪽

① 2.13 ② 1.52 ③ 4.27
④ 3.11 ⑤ 2.93 ⑥ 2.24
⑦ 1.22 ⑧ 1.35 ⑨ 2.81
⑩ 6.13 ⑪ 3.45 ⑫ 4.07

04단계 도전! 땅 짚고 헤엄치는 문장제 30쪽

① 1.58 m ② 3.26 m
③ 이 점 오삼 ④ 일 점 이오

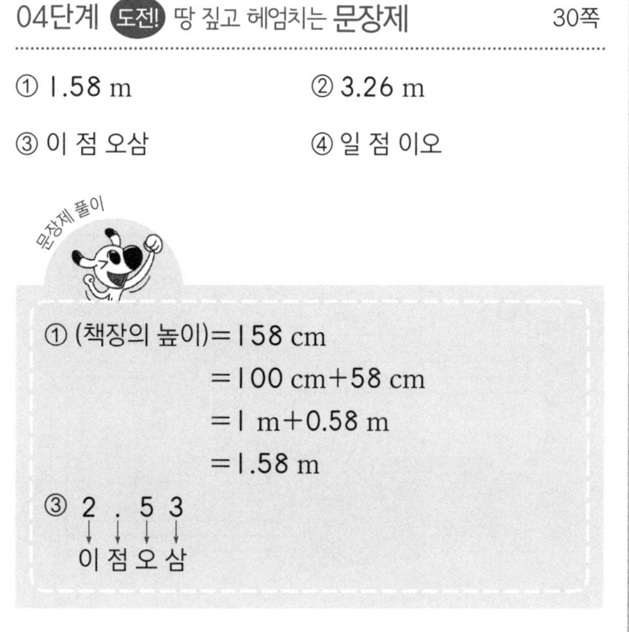

① (책장의 높이) = 158 cm
= 100 cm + 58 cm
= 1 m + 0.58 m
= 1.58 m

③ 2 . 5 3
↓ ↓ ↓ ↓
이 점 오 삼

05단계 A 32쪽

① 0.233 ② 0.185 ③ 0.256
④ 0.325 ⑤ 0.465 ⑥ 0.582

05단계 B 33쪽

① 0.136 ② 0.216 ③ 0.523
④ 0.648 ⑤ 0.715 ⑥ 0.439
⑦ 0.516 ⑧ 0.289 ⑨ 0.912
⑩ 0.365 ⑪ 0.236 ⑫ 0.508

05단계 야호! 게임처럼 즐기는 연산 놀이터 34쪽

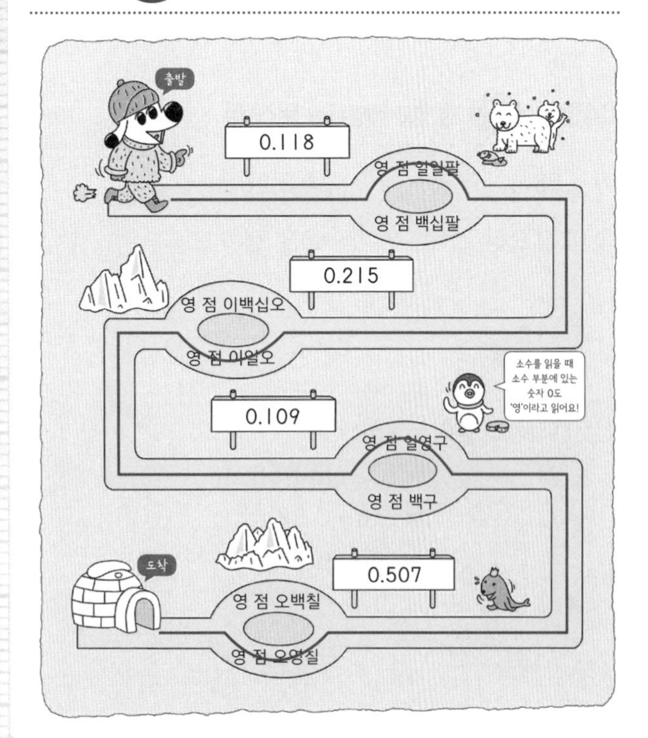

06단계 A 36쪽

① 3.224

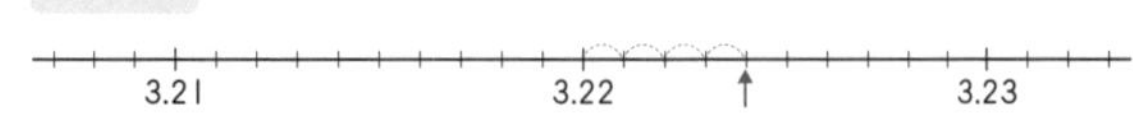

② 5.458

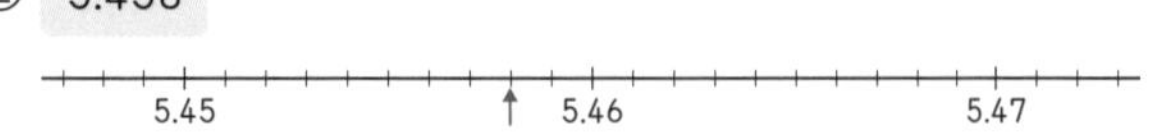

③ 1.272

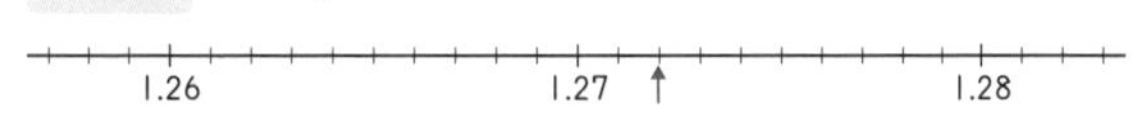

④ 3.983

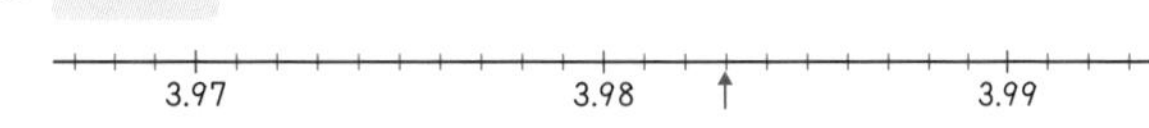

⑤ 6.217

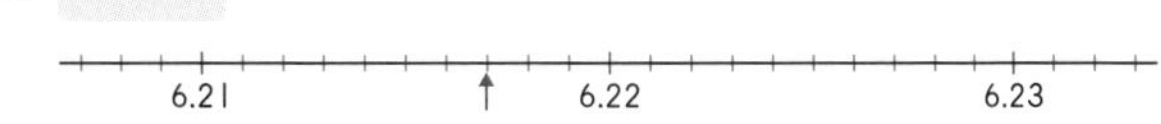

⑥ 5.126

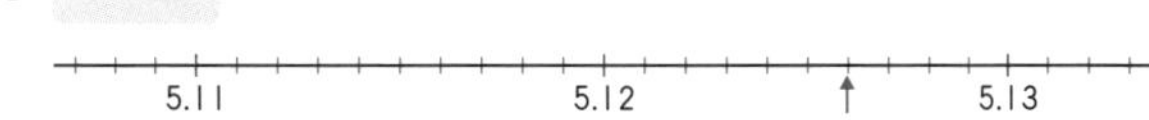

06단계 B 37쪽

① 2.136 ② 5.201 ③ 7.513
④ 4.672 ⑤ 8.171 ⑥ 9.103
⑦ 1.984 ⑧ 2.381 ⑨ 2.954
⑩ 3.651 ⑪ 2.043 ⑫ 4.208

06단계 도전! 땅 짚고 헤엄치는 문장제 38쪽

① 1.236 km ② 1.562 km
③ 2.318 L ④ 1.125 kg

① (민우네 집에서 도서관까지의 거리)
$=1236\text{ m}$
$=1000\text{ m}+236\text{ m}$
$=1\text{ km}+0.236\text{ km}$
$=1.236\text{ km}$

③ (물통에 들어 있는 물의 양)
$=2318\text{ mL}$
$=2000\text{ mL}+318\text{ mL}$
$=2\text{ L}+0.318\text{ L}$
$=2.318\text{ L}$

④ (어머니가 사 오신 돼지고기의 양)
$=1125\text{ g}$
$=1000\text{ g}+125\text{ g}$
$=1\text{ kg}+0.125\text{ kg}$
$=1.125\text{ kg}$

07단계 A 40쪽

① 4.44

일의 자리	소수 첫째 자리	소수 둘째 자리
4	0.4	0.04

② 6.66

일의 자리	소수 첫째 자리	소수 둘째 자리
6	0.6	0.06

③ 2.96

일의 자리	소수 첫째 자리	소수 둘째 자리
2	0.9	0.06

④ 4.23

일의 자리	소수 첫째 자리	소수 둘째 자리
4	0.2	0.03

⑤ 3.258

일의 자리	소수 첫째 자리	소수 둘째 자리	소수 셋째 자리
3	0.2	0.05	0.008

⑥ 8.129

일의 자리	소수 첫째 자리	소수 둘째 자리	소수 셋째 자리
8	0.1	0.02	0.009

⑦ 6.431

일의 자리	소수 첫째 자리	소수 둘째 자리	소수 셋째 자리
6	0.4	0.03	0.001

⑧ 9.512

일의 자리	소수 첫째 자리	소수 둘째 자리	소수 셋째 자리
9	0.5	0.01	0.002

07단계 B 41쪽

① 0.08 ② 0.06 ③ 0.009
④ 0.007 ⑤ 0.13 ⑥ 0.43
⑦ 0.137 ⑧ 0.213 ⑨ 0.4
⑩ 0.7 ⑪ 0.06 ⑫ 0.08

07단계 C 42쪽

① 0.35 ② 0.67 ③ 2.57
④ 8.06 ⑤ 0.524 ⑥ 0.235
⑦ 9.345 ⑧ 4.613

07단계 D 43쪽

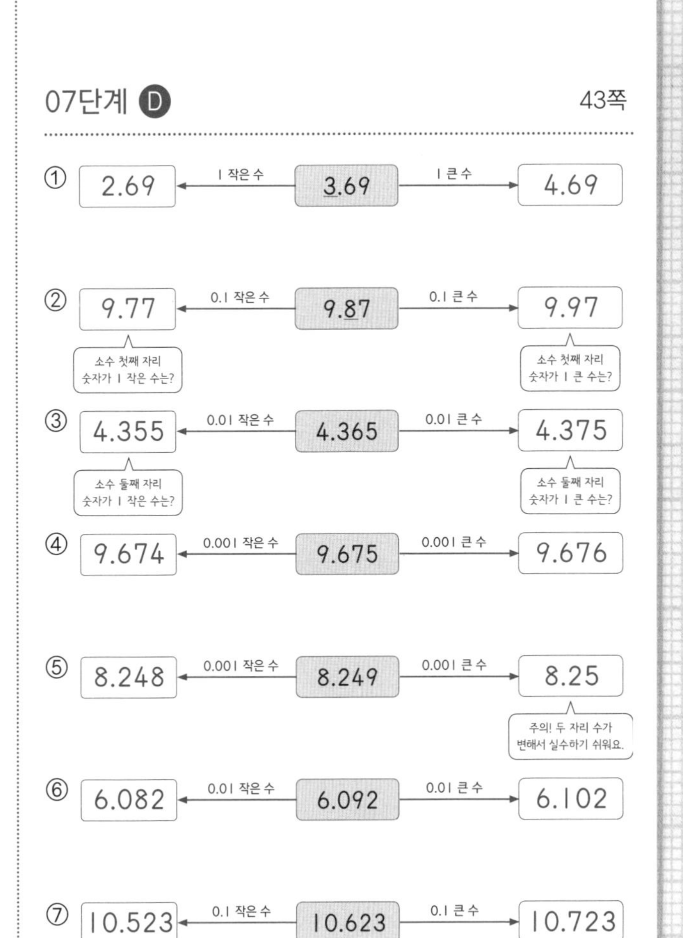

07단계 도전! 땅 짚고 헤엄치는 문장제 44쪽

① 3.42　② 10.536

③ 0.96　④ 1.825

④ • 1보다 크고 2보다 작은 소수 세 자리 수
➡ 1.□□□
• 소수 첫째 자리 숫자: 8 ➡ 1.8□□
• 소수 둘째 자리 숫자: 2 ➡ 1.82□
• 소수 셋째 자리 숫자: 5 ➡ 1.825

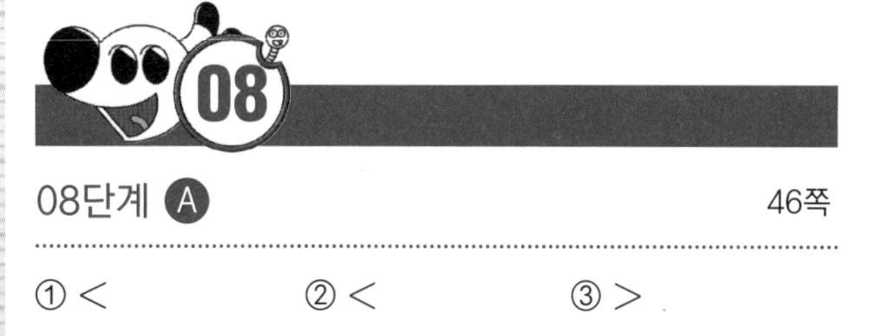

08단계 A 46쪽

① <　② <　③ >

④ =　⑤ <　⑥ >

08단계 B 47쪽

① 3.276　3.281
3.27　3.28　3.29
3.276 ⊘<⊘ 3.281

② 5.013　5.031
5.01　5.02　5.03
5.031 > 5.013

③ 1.734　1.746
1.73　1.74　1.75
1.746 > 1.734

④ 3.55　3.561
3.54　3.55　3.56
3.55 < 3.561

⑤ 7.653　7.661
7.65　7.66　7.67
7.653 < 7.661

08단계 C 48쪽

① <　② =　③ >

④ =　⑤ <　⑥ >

⑦ >　⑧ <　⑨ <

⑩ <　⑪ >　⑫ <

08단계 야호! 게임처럼 즐기는 연산 놀이터 49쪽

① 0.12　0.1　0.15

②

③
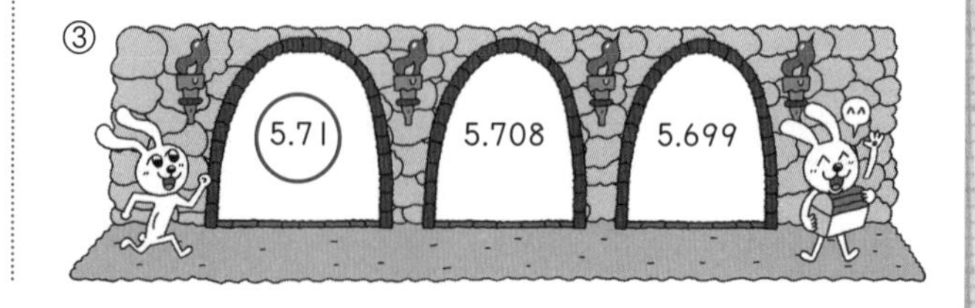

09단계 종합 문제 50쪽

① 0.1 ② 3.4 ③ 0.01

④ 0.41 ⑤ 0.001 ⑥ 0.067

⑦ 2.3 ⑧ 5.1 ⑨ 11.13

⑩ 4.03 ⑪ 7.029 ⑫ 5.901

09단계 종합 문제 51쪽

		일의 자리	소수 첫째 자리	소수 둘째 자리	소수 셋째 자리
①	8.88	8	0.8	0.08	
②	2.39	2	0.3	0.09	
③	5.67	5	0.6	0.07	
④	8.19	8	0.1	0.09	
⑤	6.666	6	0.6	0.06	0.006
⑥	4.253	4	0.2	0.05	0.003
⑦	5.978	5	0.9	0.07	0.008
⑧	7.846	7	0.8	0.04	0.006

09단계 종합 문제 52쪽

① 0.59, 영 점 오구 ② 0.173, 영 점 일칠삼

③ 6.93, 육 점 구삼 ④ 3.671, 삼 점 육칠일

⑤ 8.03, 팔 점 영삼 ⑥ 4.007, 사 점 영영칠

⑦ 5.41, 오 점 사일 ⑧ 0.036, 영 점 영삼육

09단계 종합 문제 53쪽

09단계 종합 문제 54쪽

①

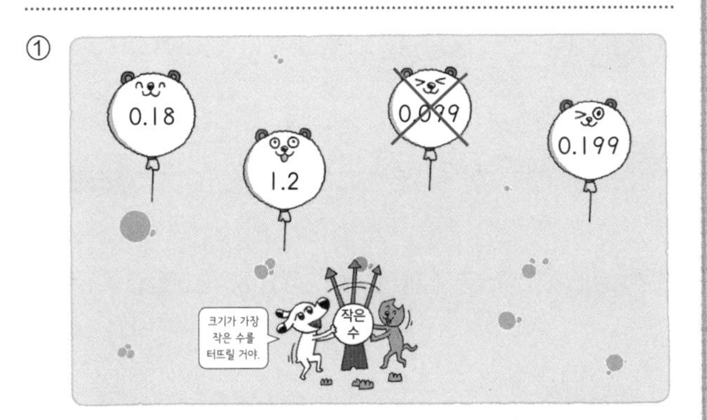

②

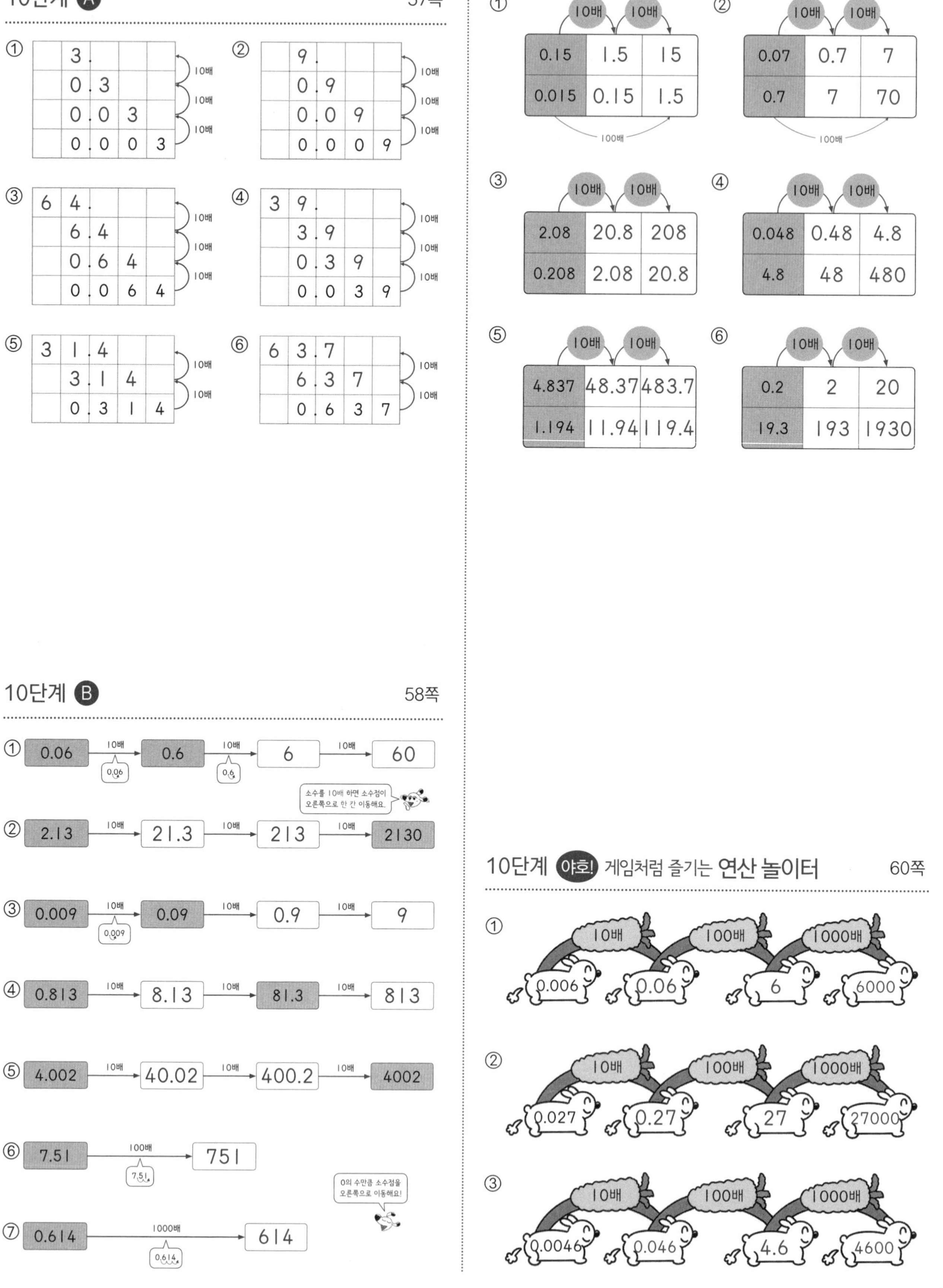

10단계 A 57쪽

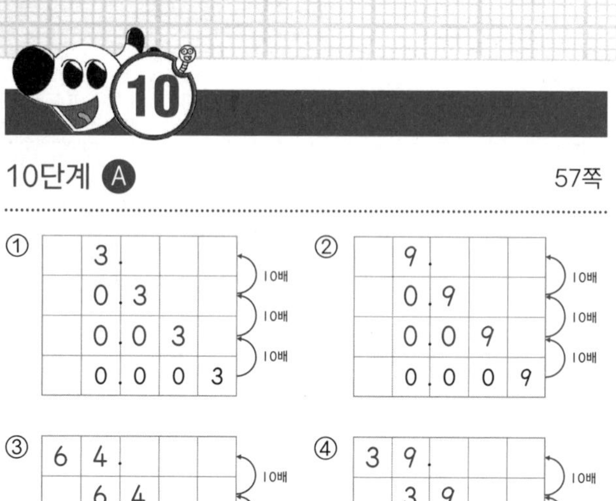

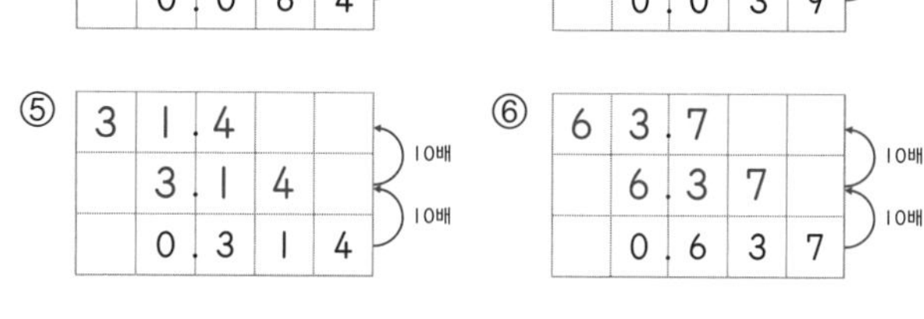

① 3. → 0.3 → 0.03 → 0.003 (10배)

② 9. → 0.9 → 0.09 → 0.009 (10배)

③ 64. → 6.4 → 0.64 → 0.064 (10배)

④ 39. → 3.9 → 0.39 → 0.039 (10배)

⑤ 31.4 → 3.14 → 0.314 (10배)

⑥ 63.7 → 6.37 → 0.637 (10배)

10단계 B 58쪽

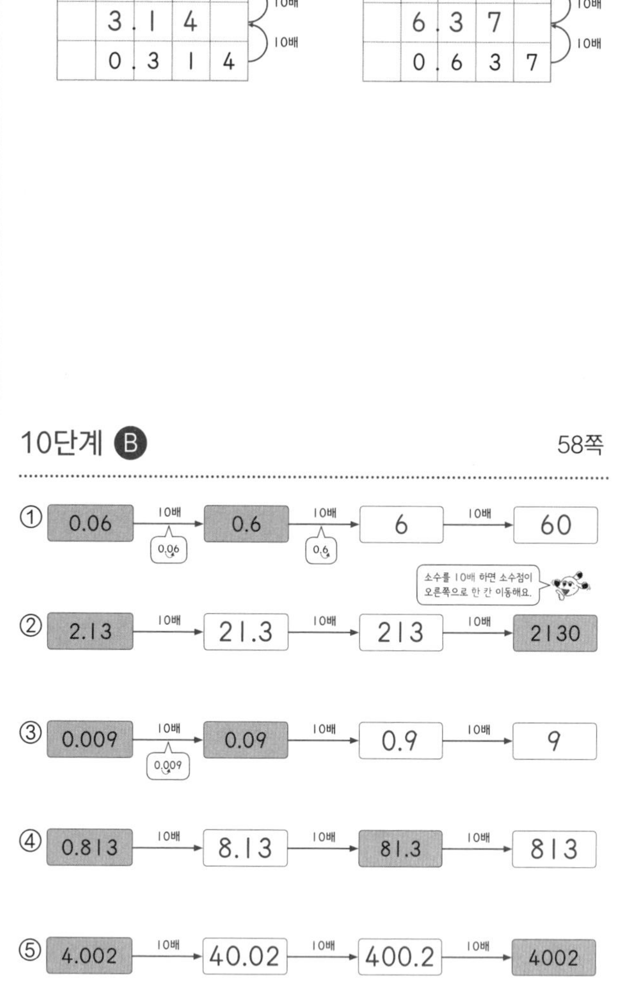

① 0.06 →(10배) 0.6 →(10배) 6 →(10배) 60

소수를 10배 하면 소수점이 오른쪽으로 한 칸 이동해요.

② 2.13 →(10배) 21.3 →(10배) 213 →(10배) 2130

③ 0.009 →(10배) 0.09 →(10배) 0.9 →(10배) 9

④ 0.813 →(10배) 8.13 →(10배) 81.3 →(10배) 813

⑤ 4.002 →(10배) 40.02 →(10배) 400.2 →(10배) 4002

⑥ 7.51 →(100배) 751

0의 수만큼 소수점을 오른쪽으로 이동해요!

⑦ 0.614 →(1000배) 614

10단계 C 59쪽

① (10배, 10배, 100배)

0.15	1.5	15
0.015	0.15	1.5

② (10배, 10배, 100배)

0.07	0.7	7
0.7	7	70

③ (10배, 10배)

2.08	20.8	208
0.208	2.08	20.8

④ (10배, 10배)

0.048	0.48	4.8
4.8	48	480

⑤ (10배, 10배)

4.837	48.37	483.7
1.194	11.94	119.4

⑥ (10배, 10배)

0.2	2	20
19.3	193	1930

10단계 야호! 게임처럼 즐기는 연산 놀이터 60쪽

① 0.006 →(10배) 0.06 →(100배) 6 →(1000배) 6000

② 0.027 →(10배) 0.27 →(100배) 27 →(1000배) 27000

③ 0.0046 →(10배) 0.046 →(100배) 4.6 →(1000배) 4600

11단계 Ⓐ 62쪽

①
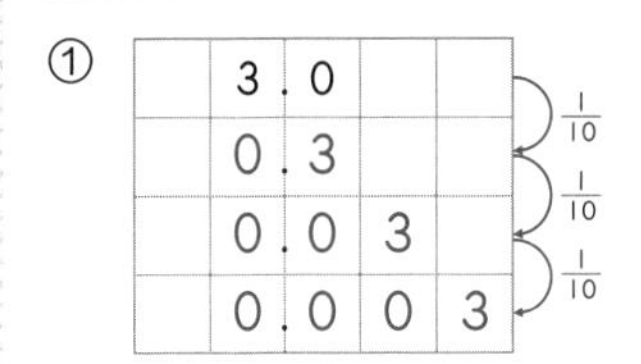

②
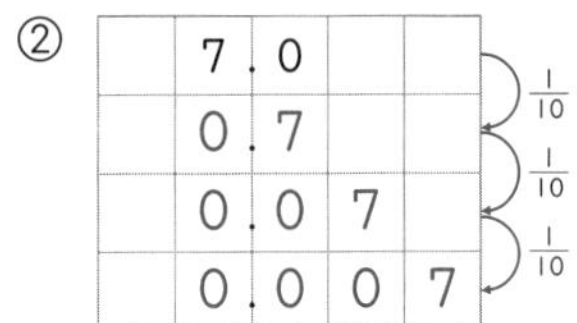

③
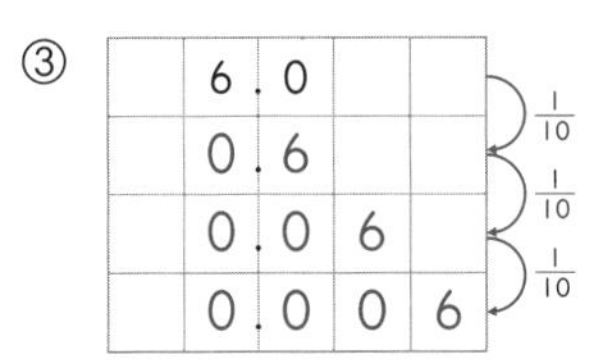

④
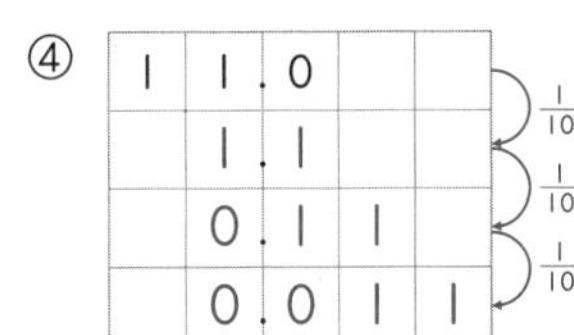

⑤
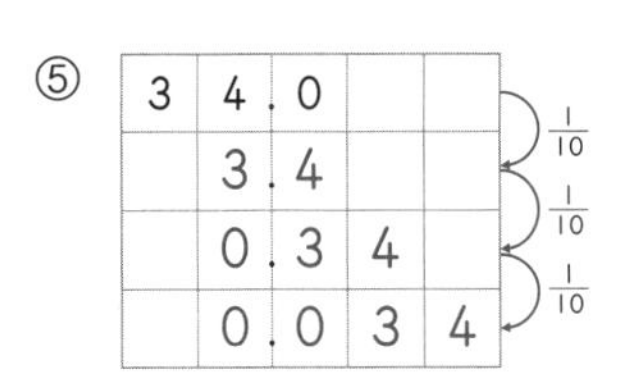

⑥
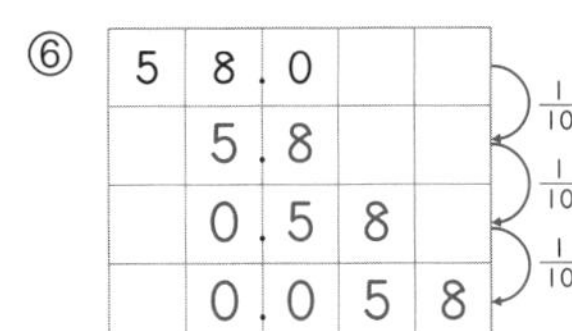

11단계 Ⓑ 63쪽

①
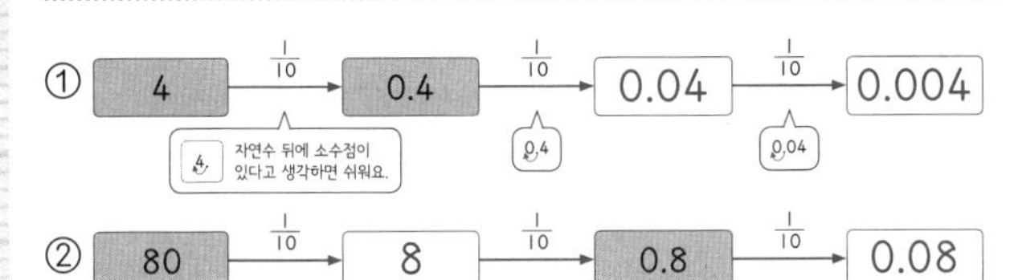

②

③
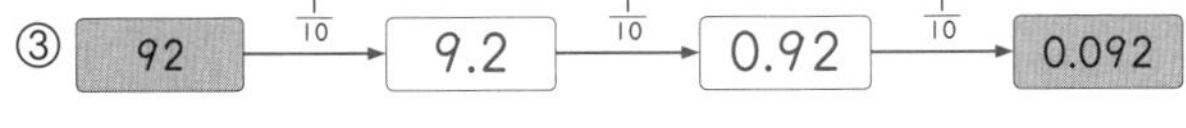

④
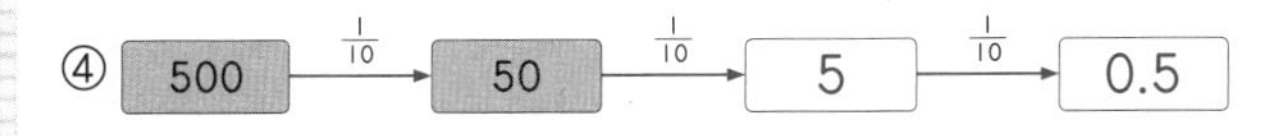

⑤
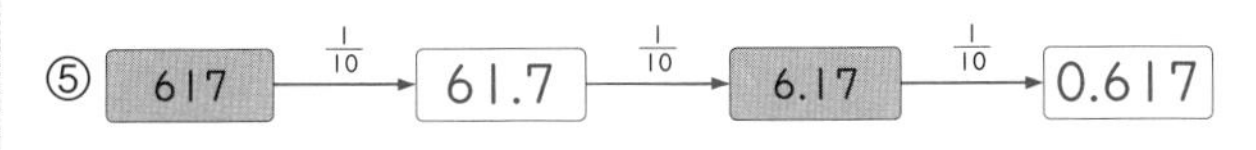

⑥
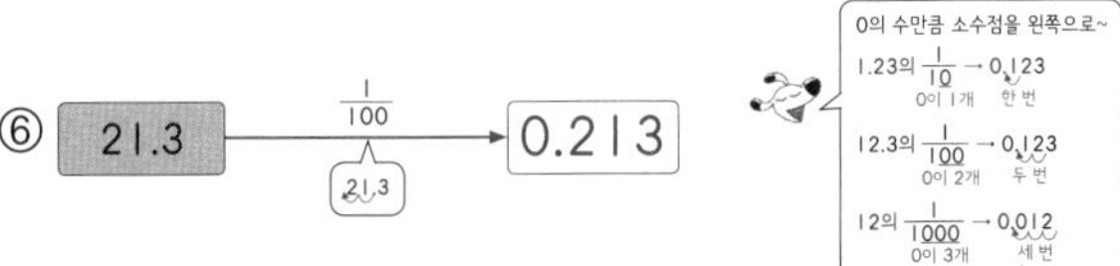

⑦
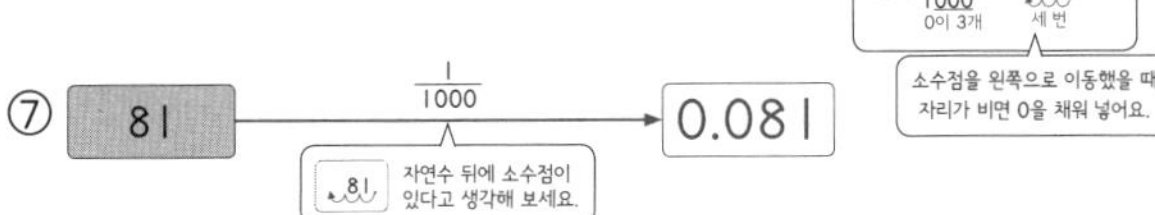

11단계 Ⓒ 64쪽

①
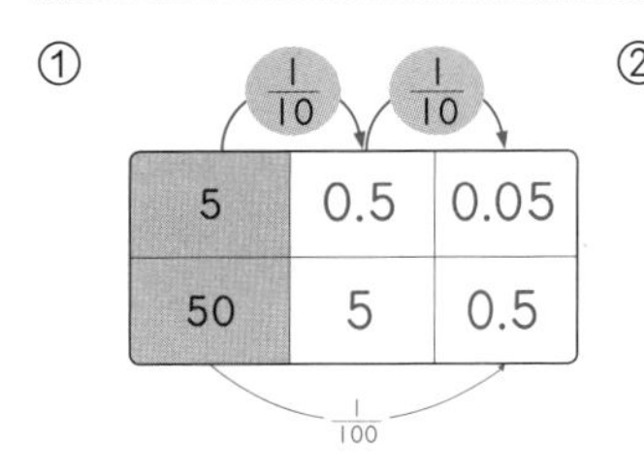

②
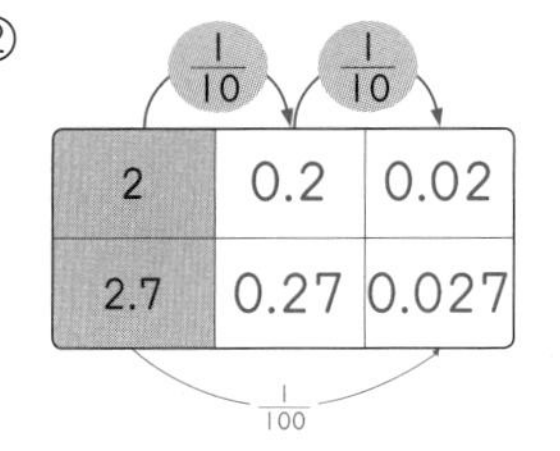

③
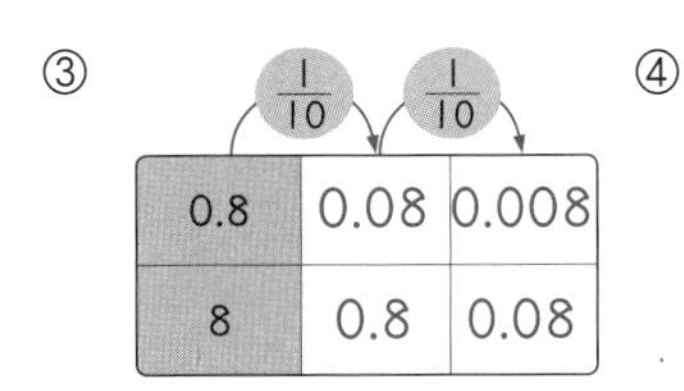

④
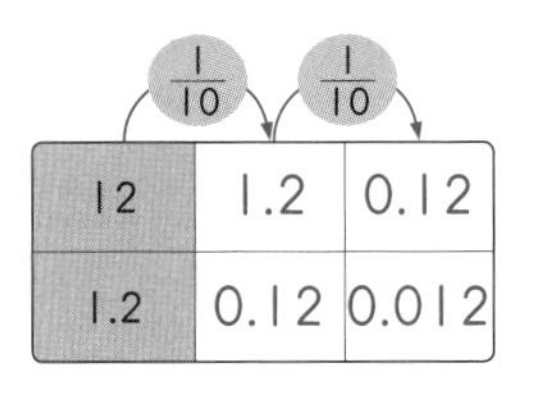

⑤
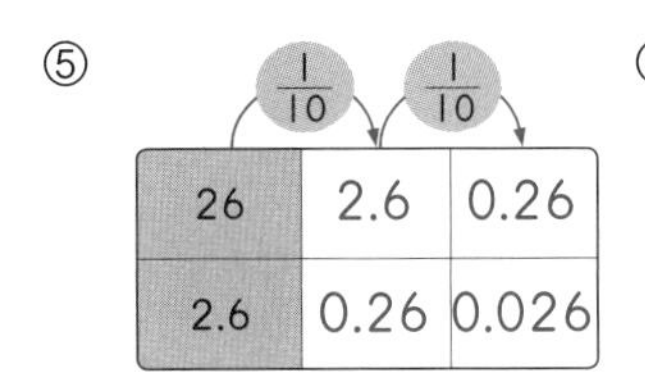

⑥
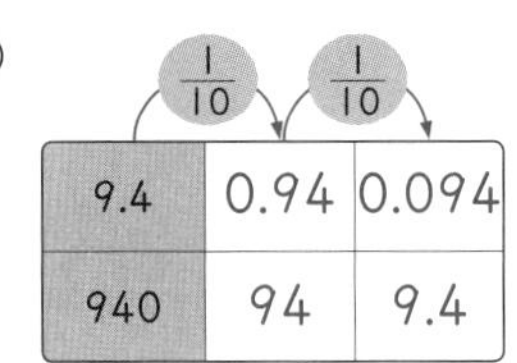

11단계 야호! 게임처럼 즐기는 연산 놀이터 65쪽

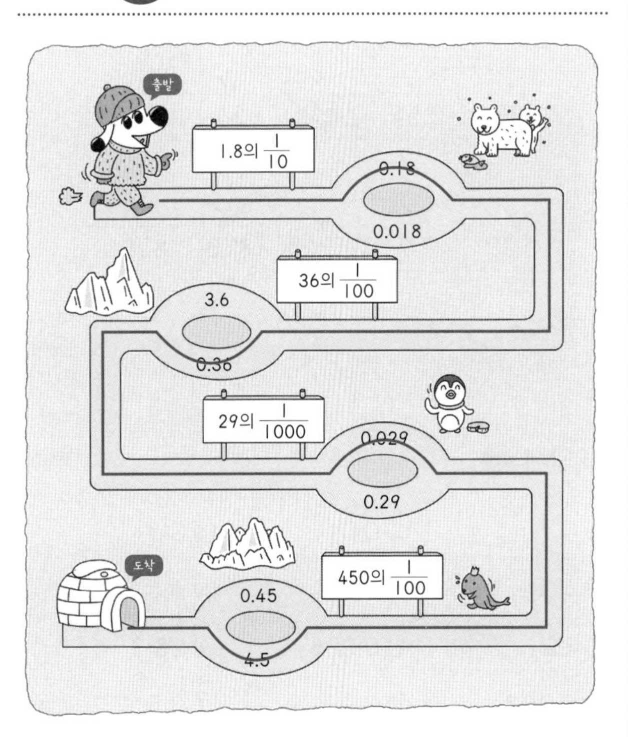

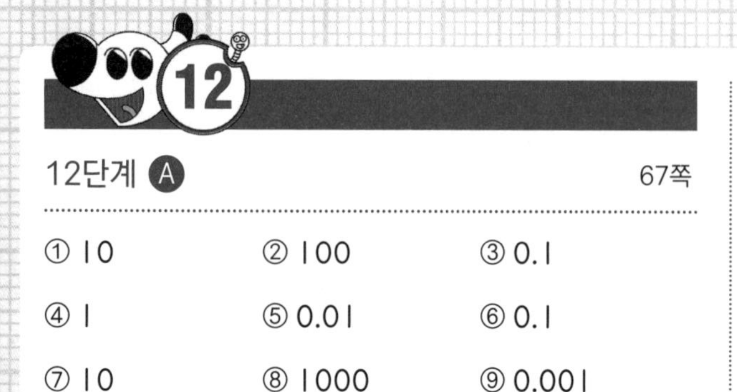

12단계 A　　67쪽

① 10　② 100　③ 0.1
④ 1　⑤ 0.01　⑥ 0.1
⑦ 10　⑧ 1000　⑨ 0.001
⑩ 1000　⑪ 0.1　⑫ 100

12단계 B　　68쪽

①
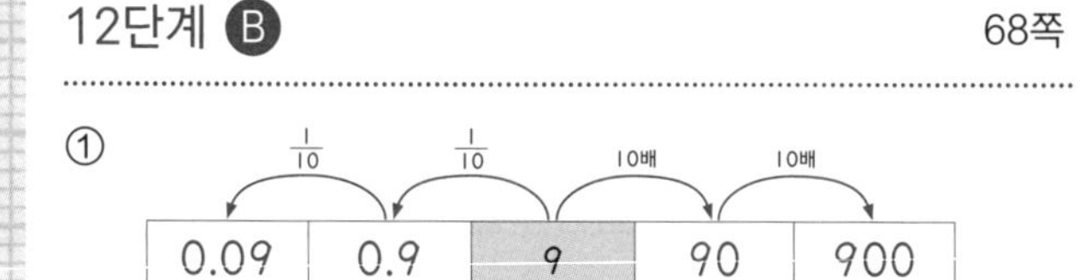

0.09	0.9	9	90	900

②
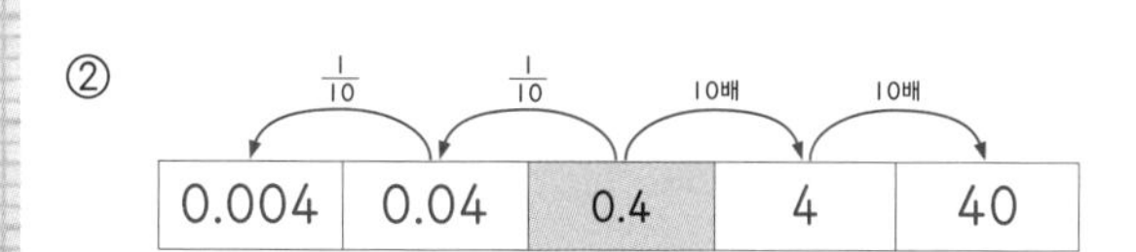

0.004	0.04	0.4	4	40

③
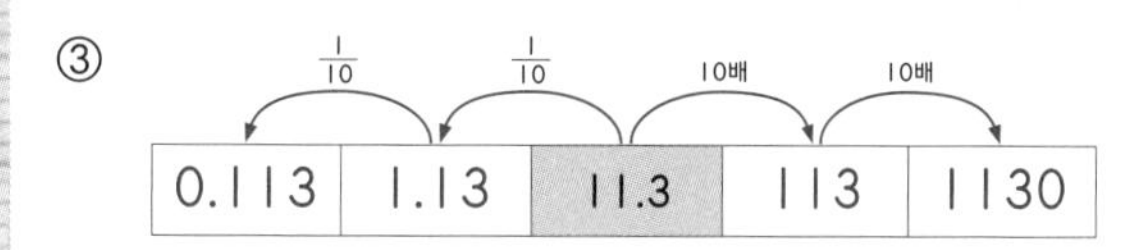

0.113	1.13	11.3	113	1130

④
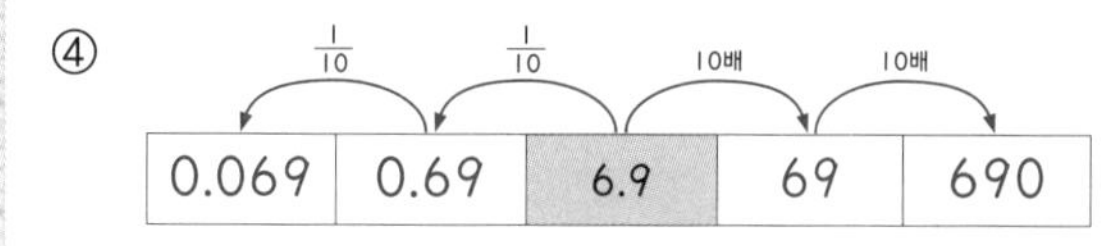

0.069	0.69	6.9	69	690

⑤
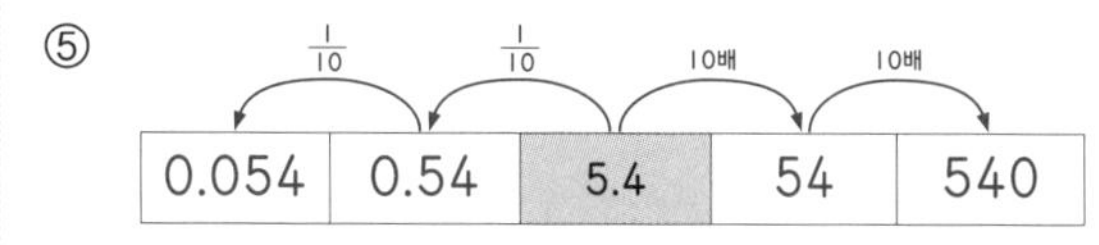

0.054	0.54	5.4	54	540

⑥
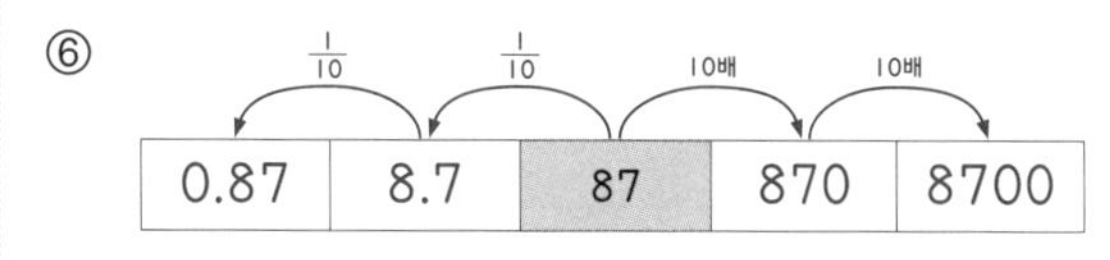

0.87	8.7	87	870	8700

12단계 C　　69쪽

① 0.1　② 0.01　③ 3
④ 4.5　⑤ 0.001　⑥ 1.6
⑦ 12　⑧ 0.006　⑨ 28.3
⑩ 0.093　⑪ 0.37　⑫ 0.517

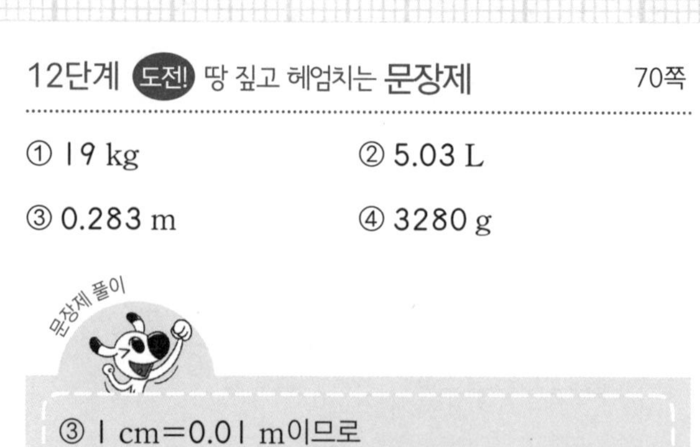

12단계 도전! 땅 짚고 헤엄치는 문장제　　70쪽

① 19 kg　② 5.03 L
③ 0.283 m　④ 3280 g

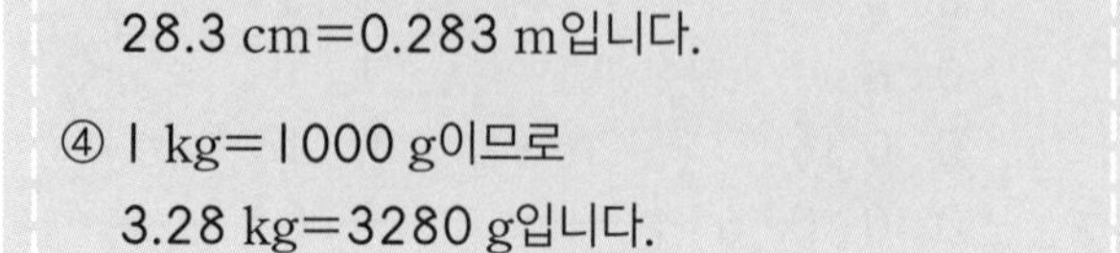

③ 1 cm=0.01 m이므로
28.3 cm=0.283 m입니다.

④ 1 kg=1000 g이므로
3.28 kg=3280 g입니다.

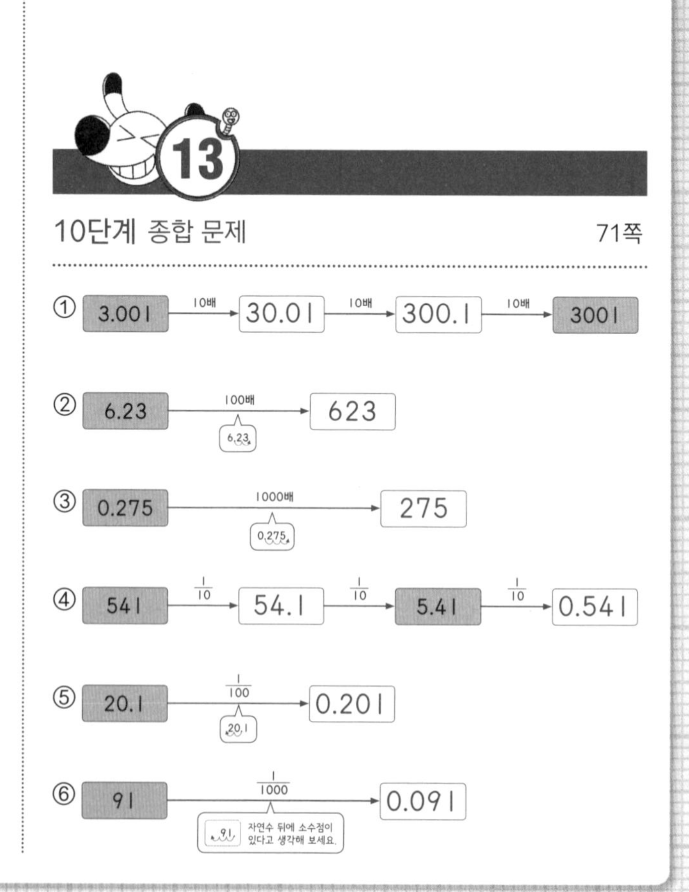

10단계 종합 문제　　71쪽

① 3.001 →(10배) 30.01 →(10배) 300.1 →(10배) 3001

② 6.23 →(100배) 623

③ 0.275 →(1000배) 275

④ 541 →($\frac{1}{10}$) 54.1 →($\frac{1}{10}$) 5.41 →($\frac{1}{10}$) 0.541

⑤ 20.1 →($\frac{1}{100}$) 0.201

⑥ 91 →($\frac{1}{1000}$) 0.091

자연수 뒤에 소수점이 있다고 생각해 보세요.

13단계 종합 문제 72쪽

①

②

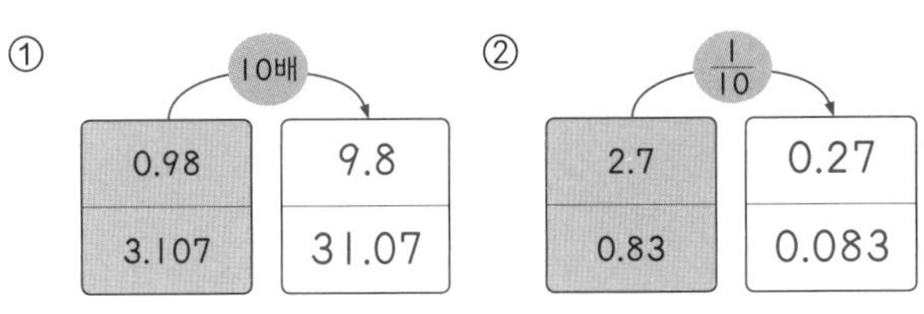

③

④

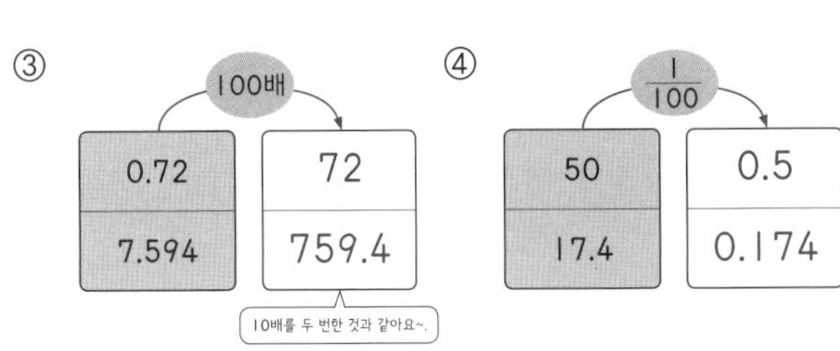

⑤

⑥

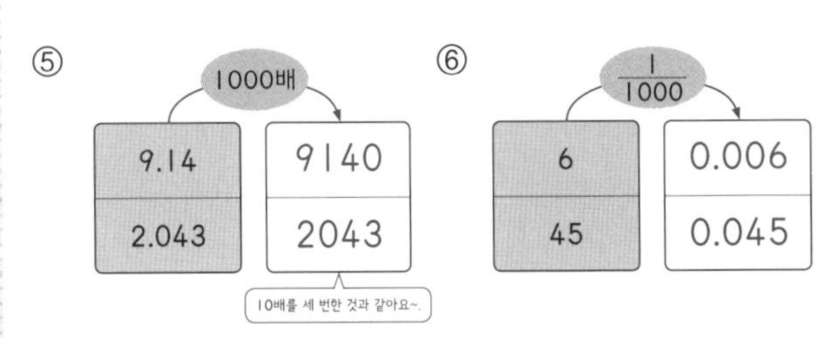

13단계 종합 문제 73쪽

① 1000배 ② $\frac{1}{100}$

③ 0.85 cm ④ 40 kg

① • ㉠은 일의 자리 숫자이고 3을 나타냅니다.
• ㉡은 소수 셋째 자리 숫자이고 0.003을 나타냅니다.
➡ 3은 0.003의 1000배입니다.

② • ㉠은 일의 자리 숫자이고 1을 나타냅니다.
• ㉡은 소수 둘째 자리 숫자이고 0.01을 나타냅니다.
➡ 0.01은 1의 $\frac{1}{100}$입니다.

13단계 종합 문제 74쪽

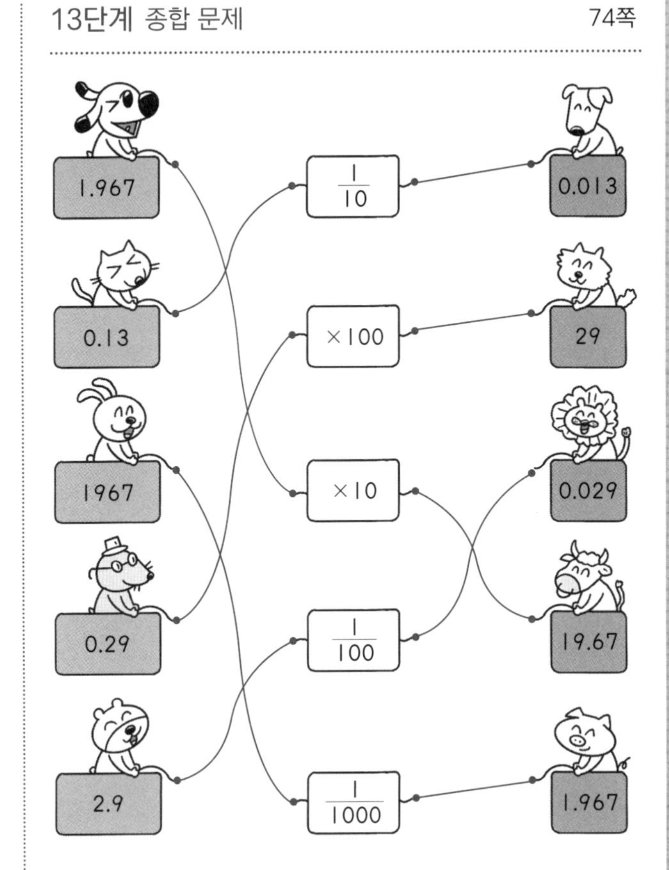

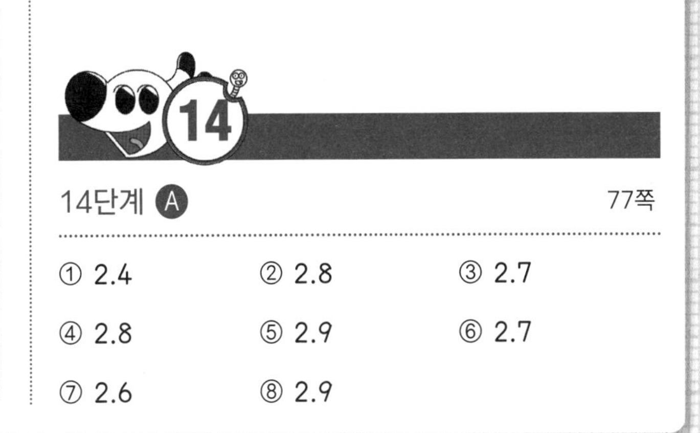

14단계 Ⓐ 77쪽

① 2.4 ② 2.8 ③ 2.7

④ 2.8 ⑤ 2.9 ⑥ 2.7

⑦ 2.6 ⑧ 2.9

14단계 B
78쪽

① 0.5 ② 3.9 ③ 6.9
④ 6.9 ⑤ 6.5 ⑥ 7.8
⑦ 5.9 ⑧ 7.5 ⑨ 9.6
⑩ 9.8 ⑪ 8.9 ⑫ 6.9

14단계 도전! 땅 짚고 헤엄치는 문장제
79쪽

① 0.9 L ② 0.8 kg ③ 7.7 L
④ 1.7 kg ⑤ 1.6 km

① (두 사람이 마신 주스의 양)
=0.3+0.6=0.9 (L)

② (돼지고기의 무게)+(소고기의 무게)
=0.2+0.6=0.8 (kg)

③ (욕조에 담긴 물의 양)
=(처음에 들어 있던 물의 양)+(더 채운 물의 양)
=4.2+3.5=7.7 (L)

④ (책을 넣은 가방의 무게)
=(가방의 무게)+(책의 무게)
=0.4+1.3=1.7 (kg)

⑤ (기안이네 집에서 도서관을 거쳐 학교까지 가는 거리)
=(기안이네 집에서 도서관까지의 거리)
+(도서관에서 학교까지의 거리)
=0.4+1.2=1.6 (km)

15

15단계 A
81쪽

① 2.9는 0.1이 29개
+ 3.8은 0.1이 38개
0.1이 67개 → 2.9 + 3.8 = 6.7

② 1.7은 0.1이 17개
+ 4.6은 0.1이 46개
0.1이 63개 → 1.7 + 4.6 = 6.3

③ 2.3은 0.1이 23개
+ 5.9는 0.1이 59개
0.1이 82개 → 2.3 + 5.9 = 8.2

④ 5.7은 0.1이 57개
+ 3.4는 0.1이 34개
0.1이 91개 → 5.7 + 3.4 = 9.1

15단계 B
82쪽

① 1.4 ② 7.2 ③ 8.3
④ 9.3 ⑤ 9.4 ⑥ 8.2
⑦ 10.2 ⑧ 10.7 ⑨ 12.5
⑩ 10.1 ⑪ 10.2 ⑫ 11.4

15단계 C
83쪽

① 1.2 ② 7.1 ③ 8.6
④ 10.1 ⑤ 8.1 ⑥ 6.7
⑦ 12.4 ⑧ 14.3 ⑨ 11.4
⑩ 17.4 ⑪ 20 ⑫ 19.2

15단계 도전! 땅 짚고 헤엄치는 문장제 84쪽

① 2.3 L ② 4.2 kg ③ 3.1 km

④ 10.3 kg ⑤ 12.4 kg

① 1.5+0.8=2.3 (L)

② 2.6+1.6=4.2 (kg)

③ 1.4+1.7=3.1 (km)

④ (과일이 담긴 바구니의 무게)
=(바구니의 무게)+(과일의 무게)
=0.8+9.5=10.3 (kg)

⑤ (쌀통에 담긴 쌀의 양)
=(처음에 들어 있던 쌀의 양)+(더 채운 쌀의 양)
=2.9+9.5=12.4 (kg)

16

16단계 A 86쪽

① 2.1 ② 2.4 ③ 2.3

④ 2.2 ⑤ 2.5 ⑥ 4.3

16단계 B 87쪽

① 3.6 ② 2.3 ③ 2.2

④ 2.5 ⑤ 7.1 ⑥ 3.2

⑦ 5.2 ⑧ 1.6 ⑨ 1.1

⑩ 5.4 ⑪ 4.5 ⑫ 2.6

16단계 도전! 땅 짚고 헤엄치는 문장제 88쪽

① 2.1 L ② 5.6 kg ③ 5.3 L

④ 3.2 kg ⑤ 2.4 cm

① (남은 우유의 양)
=(처음에 있었던 우유의 양)−(마신 우유의 양)
=2.5−0.4=2.1 (L)

② 6.8−1.2=5.6 (kg)

③ 7.8−2.5=5.3 (L)

④ 5.3−2.1=3.2 (kg)

⑤ 4.7−2.3=2.4 (cm)

17

17단계 A 90쪽

① 3.1은 0.1이 31개
− 1.8은 0.1이 18개
0.1이 13개
→ 3.1 − 1.8 = 1.3

② 5.5는 0.1이 55개
− 3.6은 0.1이 36개
0.1이 19개
→ 5.5 − 3.6 = 1.9

③ 8.4는 0.1이 84개
− 5.9는 0.1이 59개
0.1이 25개
→ 8.4 − 5.9 = 2.5

④ 6.2는 0.1이 62개
− 4.5는 0.1이 45개
0.1이 17개
→ 6.2 − 4.5 = 1.7

17단계 B 91쪽

① 2.8 ② 1.6 ③ 3.6
④ 1.5 ⑤ 2.3 ⑥ 2.8
⑦ 1.7 ⑧ 3.2 ⑨ 1.6
⑩ 4.7 ⑪ 1.8 ⑫ 4.8

17단계 C 92쪽

① 0.7 ② 4.8 ③ 7.6
④ 1.4 ⑤ 3.8 ⑥ 10.9
⑦ 4.7 ⑧ 12.8 ⑨ 6.7
⑩ 15.6 ⑪ 16.4 ⑫ 23.5

17단계 야호! 게임처럼 즐기는 연산 놀이터 93쪽

20.1 13.6 9.8 7.9
6.5 3.8 1.9
2.7 1.9
0.8

'－'를 만나면 두 수의 차를 써요.

18

18단계 A 95쪽

① 0.48 ② 1.91 ③ 3.92
④ 4.72 ⑤ 3.53 ⑥ 6.94
⑦ 8.01 ⑧ 9.31 ⑨ 4.06
⑩ 8.51 ⑪ 6.45 ⑫ 8.26

18단계 B 96쪽

① 0.63 + 0.25 = 0.88
② 1.56 + 3.17 = 4.73
③ 2.57 + 3.67 = 6.24

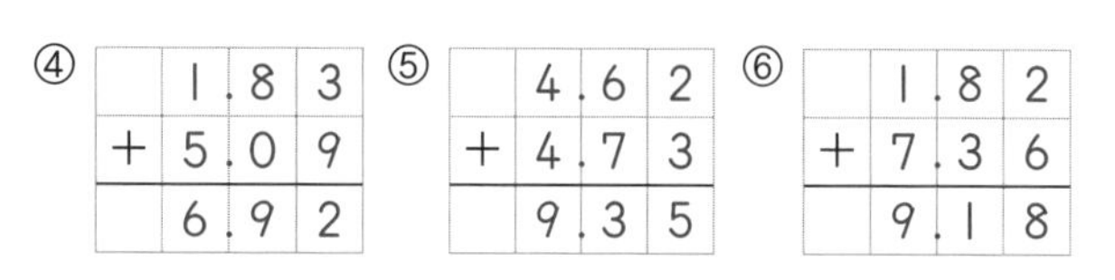

④ 1.83 + 5.09 = 6.92
⑤ 4.62 + 4.73 = 9.35
⑥ 1.82 + 7.36 = 9.18

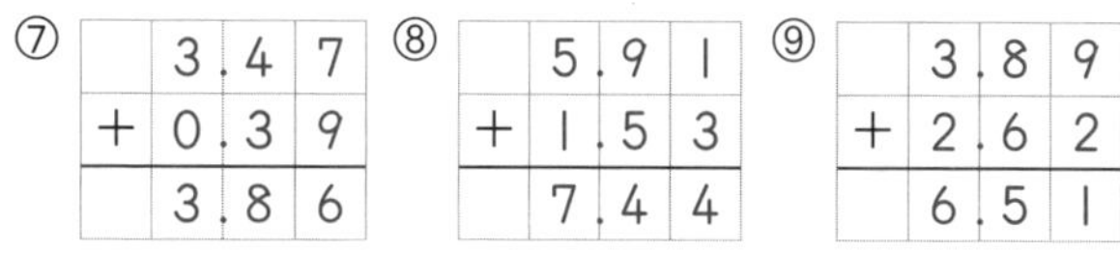

⑦ 3.47 + 0.39 = 3.86
⑧ 5.91 + 1.53 = 7.44
⑨ 3.89 + 2.62 = 6.51

⑩ 3.52 + 1.96 = 5.48
⑪ 6.27 + 0.84 = 7.11
⑫ 5.76 + 1.98 = 7.74

18단계 C 97쪽

① 0.63 ② 2.84 ③ 7.05
④ 9.66 ⑤ 5.82 ⑥ 6.02
⑦ 9.31 ⑧ 7.76 ⑨ 7.94
⑩ 8.77 ⑪ 8.16 ⑫ 10

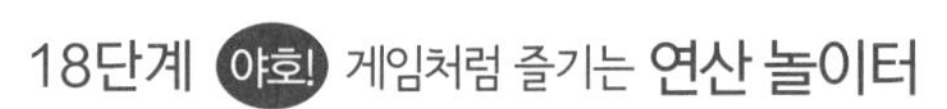

18단계 야호! 게임처럼 즐기는 연산 놀이터 98쪽

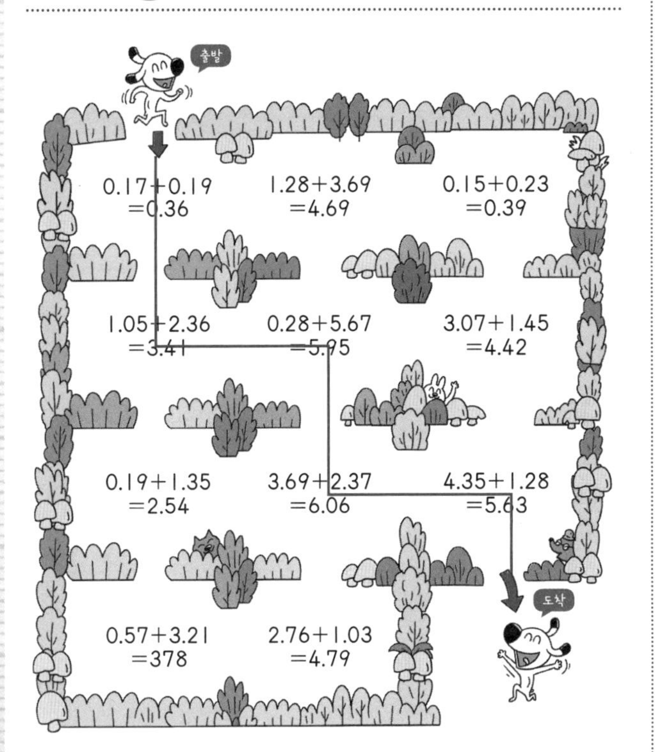

19단계 B 101쪽

① 0.54 + 2.30 = 2.84

② 1.92 + 5.70 = 7.62

③ 3.84 + 4.3 = 8.14

④ 2.9 + 0.42 = 3.32

⑤ 4.4 + 2.68 = 7.08

⑥ 5.6 + 3.51 = 9.11

⑦ 2.57 + 4.6 = 7.17

⑧ 1.4 + 7.75 = 9.15

⑨ 3.76 + 3.9 = 7.66

⑩ 1.9 + 3.42 = 5.32

⑪ 6.92 + 1.3 = 8.22

⑫ 5.83 + 4.6 = 10.43

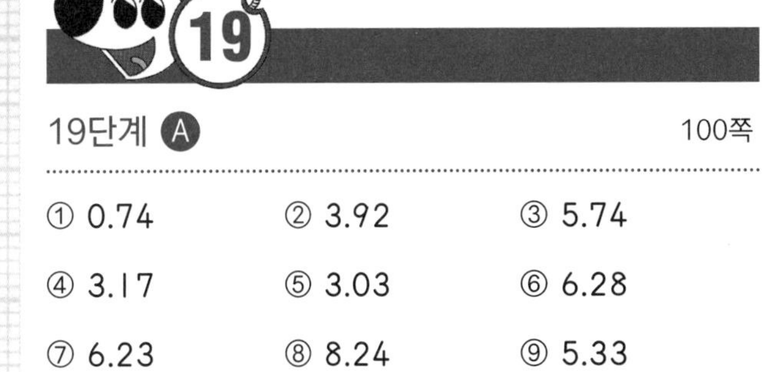

19단계 A 100쪽

① 0.74	② 3.92	③ 5.74
④ 3.17	⑤ 3.03	⑥ 6.28
⑦ 6.23	⑧ 8.24	⑨ 5.33
⑩ 9.48	⑪ 7.19	⑫ 10.02

19단계 C 102쪽

① 1.98	② 8.62	③ 6.25
④ 9.49	⑤ 5.27	⑥ 10.54
⑦ 4.33	⑧ 9.58	⑨ 9.06
⑩ 12.59	⑪ 7.11	⑫ 14.14

19단계 도전! 땅 짚고 헤엄치는 문장제 103쪽

① 4.77 kg　② 33.84 kg

③ 4.38 L　④ 2.25 km

① (현주와 선주가 딴 딸기의 양)
=2.87+1.9=4.77 (kg)

② 32.5+1.34=33.84 (kg)

③ (냄비에 들어 있는 물의 양)
=(처음에 들어 있던 물의 양)+(더 부은 물의 양)
=2.98+1.4=4.38 (L)

④ 1.55+0.7=2.25 (km)

20단계 B 106쪽

①

	0.	9	7
−	0.	3	6
	0.	6	1

②

	7.	4	5
−	3.	1	8
	4.	2	7

③

	7.	5	1
−	3.	6	5
	3.	8	6

④

	7.	8	2
−	5.	1	6
	2.	6	6

⑤

	8.	6	3
−	4.	7	8
	3.	8	5

⑥

	9.	8	1
−	7.	3	7
	2.	4	4

⑦

	5.	4	2
−	0.	3	8
	5.	0	4

⑧

	6.	9	1
−	3.	5	9
	3.	3	2

⑨

	6.	8	2
−	3.	6	3
	3.	1	9

⑩

	5.	5	3
−	1.	9	4
	3.	5	9

⑪

	9.	2	3
−	1.	8	6
	7.	3	7

⑫

	6.	7	3
−	1.	9	5
	4.	7	8

20

20단계 A 105쪽

① 0.52　② 0.77　③ 3.35

④ 6.36　⑤ 3.44　⑥ 1.48

⑦ 6.39　⑧ 4.57　⑨ 2.32

⑩ 3.37　⑪ 3.18　⑫ 4.77

20단계 C 107쪽

① 4.08　② 1.79　③ 5.63

④ 3.08　⑤ 4.47　⑥ 2.09

⑦ 3.57　⑧ 2.39　⑨ 2.79

⑩ 2.54　⑪ 2.65　⑫ 5.98

108쪽

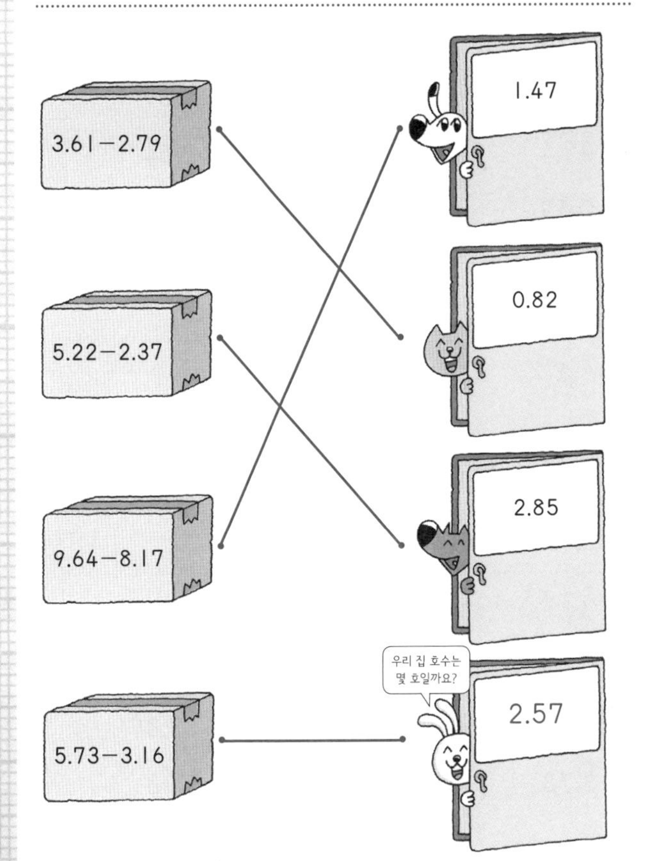

21단계 A

110쪽

① 0.34	② 2.63	③ 4.32
④ 1.46	⑤ 3.22	⑥ 4.62
⑦ 3.14	⑧ 3.55	⑨ 2.73
⑩ 2.52	⑪ 1.01	⑫ 5.44

21단계 B

111쪽

① 8.51 − 2.40 = 6.11

② 5.92 − 3.70 = 2.22

③ 6.82 − 4.4 = 2.42

④ 9.8 − 4.45 = 5.35

⑤ 5.4 − 2.67 = 2.73

⑥ 7.2 − 4.56 = 2.64

⑦ 8.53 − 4.7 = 3.83

⑧ 9.4 − 5.78 = 3.62

⑨ 6.51 − 3.6 = 2.91

⑩ 4.9 − 2.46 = 2.44

⑪ 6.02 − 4.6 = 1.42

⑫ 7.31 − 4.8 = 2.51

21단계 C

112쪽

① 2.38	② 2.18	③ 4.68
④ 3.21	⑤ 3.47	⑥ 2.84
⑦ 2.85	⑧ 5.56	⑨ 1.91
⑩ 2.74	⑪ 2.77	⑫ 5.59

21단계 도전! 땅 짚고 헤엄치는 문장제 113쪽

① 0.84 kg ② 1.69 L

③ 3.76 L ④ 8.54 kg

① 6.74−5.9=0.84 (kg)
② 3.19−1.5=1.69 (L)
③ (더 부어야 하는 물의 양)
=(물병의 들이)−(물병에 들어 있는 물의 양)
=6.3−2.54=3.76 (L)
④ (상자에 들어 있는 책의 무게)
=(책이 들어 있는 상자의 무게)−(빈 상자의 무게)
=9.14−0.6=8.54 (kg)

22단계 종합 문제 114쪽

① 8.3	② 5.13	③ 10.11
④ 15.8	⑤ 7.05	⑥ 8.16
⑦ 28.7	⑧ 9.73	⑨ 6.27
⑩ 6.09	⑪ 8.63	⑫ 9.19
⑬ 5.82	⑭ 9.66	⑮ 11.33

22단계 종합 문제 115쪽

① 2.9	② 2.49	③ 2.14
④ 10.7	⑤ 2.07	⑥ 4.69
⑦ 27.4	⑧ 2.19	⑨ 2.54
⑩ 0.59	⑪ 2.95	⑫ 6.76
⑬ 3.13	⑭ 2.56	⑮ 5.54

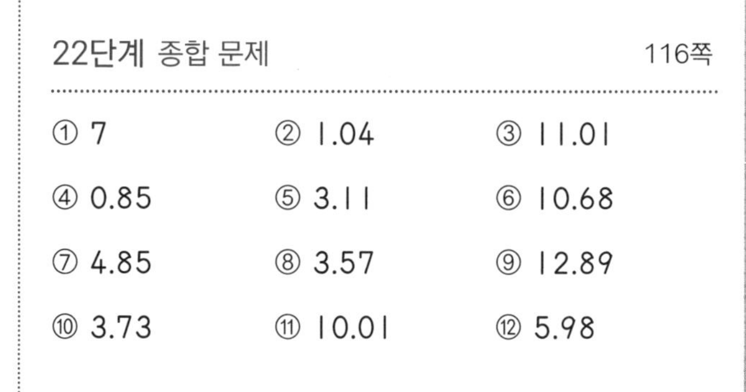

22단계 종합 문제 116쪽

① 7	② 1.04	③ 11.01
④ 0.85	⑤ 3.11	⑥ 10.68
⑦ 4.85	⑧ 3.57	⑨ 12.89
⑩ 3.73	⑪ 10.01	⑫ 5.98

22단계 종합 문제 117쪽

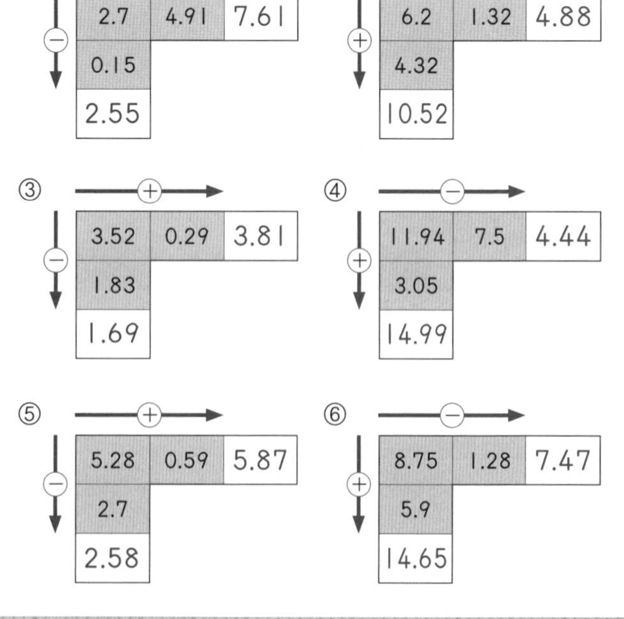

22단계 종합 문제 118쪽

 9.39  1.77  7.89

- 사자가 숨은 곳: 3.69+5.7=9.39
- 여우가 숨은 곳: 3.69−1.92=1.77
- 곰이 숨은 곳: 9.39−1.5=7.89
  또는 1.77+6.12=7.89

22단계 종합 문제 119쪽

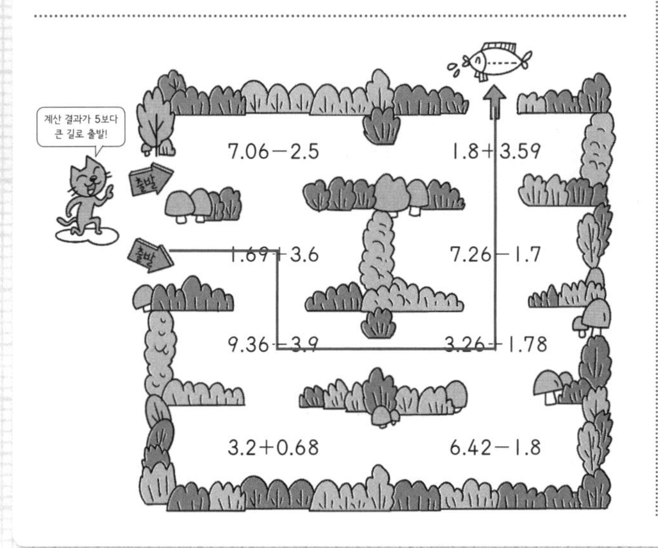

3, 4학년 소수 훈련 끝!
여기까지 온 바빠 친구들,
정말 대단해요~!

바빠 수학 로드맵

바빠 시리즈 초·중등 수학 교재 한눈에 보기

유아~취학 전	1학년	2학년	3학년

7살 첫 수학

초등 입학 준비 첫 수학

① 100까지의 수
② 20까지 수의 덧셈 뺄셈
③ 100까지 수의 덧셈 뺄셈
★ 시계와 달력
★ 동전과 지폐 세기

바빠 교과서 연산 | 학교 진도 맞춤 연산

▸ 가장 쉬운 교과 연계용 수학책
▸ 수학 학원 원장님들의 연산 꿀팁 수록!
▸ 이번 학기 필요한 연산만 모아 계산 속도가 빨라진다.

1~6학년 학기별 각 1권 | 전 12권

나 혼자 푼다! 수학 문장제 | 학교 시험 문장제, 서술형 완벽 대비

▸ 빈칸을 채우면 풀이와 답 완성!
▸ 교과서 대표 유형 집중 훈련
▸ 대화식 도움말이 담겨 있어, 혼자 공부하기 좋은 책

1~6학년 학기별 각 1권 | 전 12권

바빠 연산법 | 10일에 완성하는 영역별 연산 총정리

베스트셀러

구구단, 시계와 시간

길이와 시간 계산, 곱셈

▸ 결손 보강용 영역별 연산 책
▸ 취약한 연산만 집중 훈련
▸ 시간이 절약되는 똑똑한 훈련법!

예비초~6학년 영역별 | 전 26권

4학년	5학년	6학년	중학생

바빠 중학연산

1학기 수학 기초 완성

1~3학년 각 2권 (전 6권)

*교과서 순서와 똑같아 공부하기 좋아요!

바빠 중학도형

2학기 수학 기초 완성

1~3학년 각 1권 (전 3권)

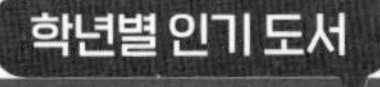

나눗셈, 분수, 소수, 방정식 약수와 배수, 분수, 소수 비와 비례, 방정식

바빠 중학수학 총정리

고등수학에서 필요한 것만 콕!

중학 3개년 총정리 (전 1권)

※'바빠 초등 수학 총정리'도 있어요!

바빠 시리즈 초등 영어 교재 한눈에 보기

	유아 ~ 취학 전	초등 1·2학년
알파벳/파닉스	7살 첫 영어-알파벳 ABC 7살 첫 영어-파닉스	바쁜 초등학생을 위한 빠른 알파벳 쓰기 바쁜 초등학생을 위한 빠른 파닉스 1, 2
단어		바쁜 초등학생을 위한 빠른 사이트 워드 1, 2 바쁜 초등학생을 위한 빠른 영단어 스타터 1, 2
리딩		바빠 초등 파닉스 리딩 1, 2
문법		

초등 3 · 4학년	초등 5 · 6학년
바쁜 3·4학년을 위한 빠른 영단어	바쁜 5·6학년을 위한 빠른 영단어
바빠 초등 필수 영단어	바빠 초등 필수 영단어 트레이닝 쓰면서 끝내기
영어동화 100편: 명작동화 / 과학동화 / 위인동화	
바쁜 3·4학년을 위한 빠른 영문법 1, 2	바빠 초등 영문법 1, 2, 3 5·6학년용 바빠 영어 시제 특강 5·6학년용 바쁜 5·6학년을 위한 빠른 영작문

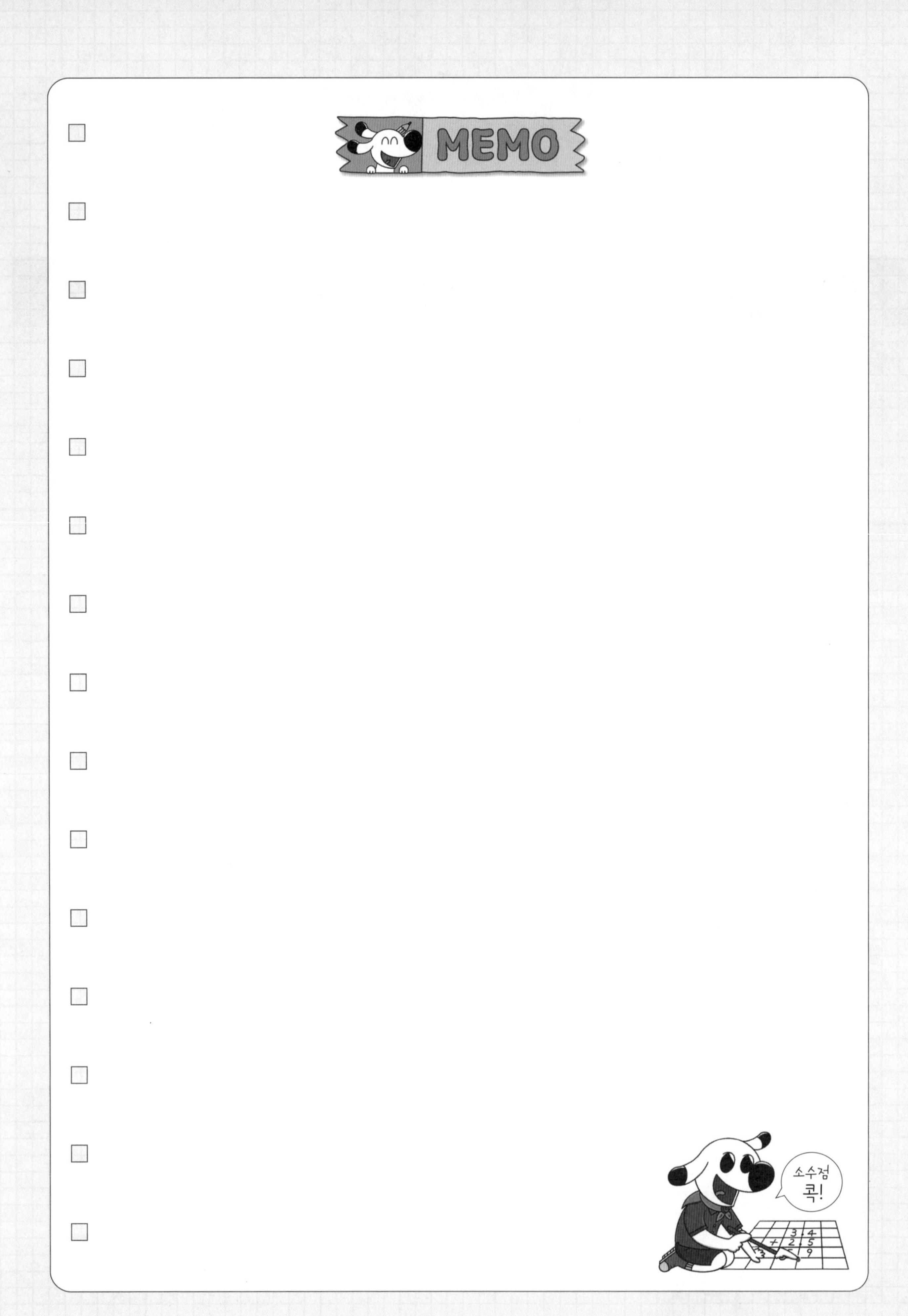
MEMO
소수점
콕!

3·4학년 소수를 한 권으로 끝낸다!
10일 완성! 연산력 강화 프로그램

바쁜 3·4학년을 위한 빠른 소수

영역별 연산책 바빠 연산법
방학 때나 학습 결손이 생겼을 때~

· 바쁜 1·2학년을 위한 빠른 **덧셈**
· 바쁜 1·2학년을 위한 빠른 **뺄셈**
· 바쁜 초등학생을 위한 빠른 **구구단**
· 바쁜 초등학생을 위한 빠른 **시계와 시간**

· 바쁜 초등학생을 위한 빠른 **길이와 시간 계산**
· 바쁜 3·4학년을 위한 빠른 **덧셈/뺄셈**
· 바쁜 3·4학년을 위한 빠른 **곱셈**
· 바쁜 3·4학년을 위한 빠른 **나눗셈**
· 바쁜 3·4학년을 위한 빠른 **분수**
· 바쁜 3·4학년을 위한 빠른 **소수**
· 바쁜 3·4학년을 위한 빠른 **방정식**

· 바쁜 5·6학년을 위한 빠른 **곱셈**
· 바쁜 5·6학년을 위한 빠른 **나눗셈**
· 바쁜 5·6학년을 위한 빠른 **분수**
· 바쁜 5·6학년을 위한 빠른 **소수**
· 바쁜 5·6학년을 위한 빠른 **방정식**
· 바쁜 초등학생을 위한 빠른 **약수와 배수, 평면도형 계산, 입체도형 계산, 자연수의 혼합 계산, 분수와 소수의 혼합 계산, 비와 비례, 확률과 통계**

바빠 국어/ 급수한자
초등 교과서 필수 어휘와 문해력 완성!

· 바쁜 초등학생을 위한 빠른 **맞춤법 1**
· 바쁜 초등학생을 위한 빠른 **급수한자 8급**
· 바쁜 초등학생을 위한 빠른 **독해 1, 2**

· 바쁜 초등학생을 위한 빠른 **독해 3, 4**
· 바쁜 초등학생을 위한 빠른 **맞춤법 2**
· 바쁜 초등학생을 위한 빠른 **급수한자 7급 1, 2**

· 바쁜 초등학생을 위한 빠른 **급수한자 6급 1, 2, 3**
· 보일락 말락~ 바빠 **급수한자판 + 6·7·8급 모의시험**

· 바쁜 초등학생을 위한 빠른 **독해 5, 6**

바빠 영어
우리 집, 방학 특강 교재로 인기 최고!

· 바쁜 초등학생을 위한 빠른 **알파벳 쓰기**
· 바쁜 초등학생을 위한 빠른 **영단어 스타터 1, 2**
· 바쁜 초등학생을 위한 빠른 **사이트 워드 1, 2**

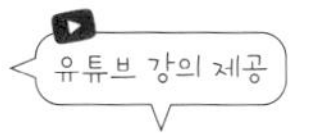

· 바쁜 초등학생을 위한 빠른 **파닉스 1, 2**

· 전 세계 어린이들이 가장 많이 읽는 **영어동화 100편 : 명작/과학/위인동화**
· 바쁜 3·4학년을 위한 빠른 **영단어**
· 바쁜 3·4학년을 위한 빠른 **영문법 1, 2**
· 바빠 초등 **필수 영단어**
· 바빠 초등 **필수 영단어 트레이닝**
· 바빠 초등 **영어 교과서 필수 표현**

· 바쁜 5·6학년을 위한 빠른 **영단어**
· 바빠 초등 **영문법** — 5·6학년용 1, 2, 3
· 바빠 초등 **영어시제 특강** — 5·6학년용
· 바쁜 5·6학년을 위한 빠른 **영작문**
· 바빠 초등 하루 5문장 **영어 글쓰기 1, 2**